JN237258

Sustainability Science

サステイナビリティ学

❶ サステイナビリティ学の創生

小宮山宏・武内和彦・住 明正・花木啓祐・三村信男——［編］

東京大学出版会

Sustainability Science ①
Sustainability Science: Building a New Discipline
Hiroshi KOMIYAMA, Kazuhiko TAKEUCHI, Akimasa SUMI,
Keisuke HANAKI and Nobuo MIMURA, Editors
University of Tokyo Press, 2011
ISBN978-4-13-065121-9

刊行にあたって

　地球環境と人類社会の持続可能性への展望を示すことは，それが危機的状況を迎えている21世紀において，学術界に課せられたもっとも大きな課題である．この課題に果敢に挑戦しようとするのが，サステイナビリティ学である．いま世界の学術界では，先進国，開発途上国を問わず，このサステイナビリティ学の創生に向けた取組が急速に進展しつつある．私たちも，これまで15年以上におよぶ，地球持続性を確保するための取組の実績をふまえて，東京大学を中心に，サステイナビリティ学を創生するための世界的な拠点づくりを進めてきた．そして5つの参加大学，7つの協力機関からなる「サステイナビリティ学連携研究機構」(IR3S)を結成し，サステイナビリティ学に関する研究，教育，社会連携を推進してきた．このIR3Sは，これまで例をみないネットワーク型の研究拠点で，膨大なサステイナビリティ学の領域をネットワーク全体でカバーしつつ，短期間でサステイナビリティ学の体系化をめざす目的で結成されたものである．

　複雑な問題を俯瞰的にとらえ，長期にわたる問題解決へのビジョンを提示するために欠かせないのが，知識と行動の構造化である．第1巻では，そうした構造化の具体的手法も含めたサステイナビリティ学の概念と方法が述べられる．また私たちは，21世紀に構築すべき持続型社会を低炭素社会，循環型社会，自然共生社会の3社会像の融合として描くべきとの考え方から，それぞれの現状とめざすべき社会像について第2巻，第3巻，第4巻で検討を行っている．また，成長するアジアの持続可能性が地球持続性の大きな鍵を握っているという観点から，第5巻ではアジアの課題と持続可能なアジアへの展望について語っている．

　本シリーズは，サステイナビリティ学を体系的に論じた初めての叢書であり，この分野に将来取り組もうとする学生のみならず，すでに持続可能性の問題に取り組んでいる研究，行政，企業，NGOなどの関係者にも役立つような内容となっている．編者一同，本シリーズが，地球持続性を脅かしてい

る気候変動，資源枯渇，生態系劣化などの問題を克服し，持続型社会構築に向けた新しいパラダイムの創造に貢献することを心より願っている．いまだ誕生したばかりのこの新しい学術の発展に向け，本シリーズを出発点にさらに議論を進めていきたい．

小宮山宏・武内和彦・住明正・花木啓祐・三村信男

目次

刊行にあたって …………………………………………………… i

序　章　サステイナビリティ学とはなにか …………………… 1

第1章　サステイナビリティ学の創生
　　　　　──持続型社会をめざす ………………………………… 9

1.1　持続可能な開発と学術創生の必要性 ……………………… 9
　　1.1.1　台頭する学術としてのサステイナビリティ学　9
　　1.1.2　サステイナビリティ学と知識の構造化　10
　　1.1.3　サステイナビリティ学のアプローチ　12
1.2　東京大学とAGSの活動 …………………………………… 14
　　1.2.1　AGSへの参画　14
　　1.2.2　AGSでの活動　16
1.3　IR3Sの創設と大学・研究機関ネットワーク形成 ……… 17
　　1.3.1　サステイナビリティ学連携研究機構（IR3S）
　　　　　の誕生　17
　　1.3.2　IR3Sが考えるサステイナビリティ学の領域　20
　　1.3.3　連携教育の推進　23
1.4　サステイナビリティ学と21世紀持続型社会の構築 …… 24
　　1.4.1　社会像の統合と持続型社会　24
　　1.4.2　アジアにおける展開　25
　　1.4.3　地球持続戦略の構築に向けて　28

第2章　サステイナビリティ学の概念
　　　　　──フレームワークをつくる ……………………………… 31

2.1　サステイナビリティ学の必要性 …………………………… 31
2.2　サステイナビリティ学の輪郭 ……………………………… 34
　　2.2.1　現在の科学の特質　35

　　　　2.2.2　2つの科学の目的　　38
　　　　2.2.3　2つの科学の対象　　40
　　　　2.2.4　2つの科学における観測　　42
　　　　2.2.5　2つの科学における検証　　43
　　　　2.2.6　2つの科学の成果　　45
　　　　2.2.7　2つの科学に期待される実際的な成果　　46
　　2.3　サステイナビリティ学の方法 …………………………………47
　　　　2.3.1　進化の仕組みを埋め込む　　47
　　　　2.3.2　人工物のあり方を変える　　51
　　　　2.3.3　期待されるイノベーション　　57
　　2.4　サステイナビリティ学を創出する主体 ………………………59

第3章　サステイナビリティ学と構造化
　　　　――知識システムを構築する ………………………………65
　　3.1　サステイナビリティ学と知識の構造化 ………………………65
　　　　3.1.1　サステイナビリティとは　　65
　　　　3.1.2　サステイナビリティ学と知識の構造化の必要性　　67
　　3.2　知識の構造と構造化 ……………………………………………74
　　　　3.2.1　知識の構造化とは　　74
　　　　3.2.2　サステイナビリティ学の知識構造　　77
　　3.3　知識の構造化から行動の構造化へ ……………………………82
　　　　3.3.1　構造化された知識の役割と限界　　82
　　　　3.3.2　行動の必要性と行動の構造化の必要性　　83
　　　　3.3.3　行動の構造化とは　　86
　　3.4　行動の構造化による持続可能な社会の実現 …………………89
　　　　3.4.1　ネットワークオブネットワークスと行動の構造化　　89
　　　　3.4.2　持続型社会の実現に向けた構造化の役割　　91

第4章　サステイナビリティ学とイノベーション
　　　　――科学技術を駆使する ……………………………………97
　　4.1　サステイナビリティに向けたイノベーションの重要性 …97
　　4.2　サステイナビリティ学の概念と方法 …………………………100
　　4.3　社会における知識の循環プロセス ……………………………103
　　4.4　イノベーション・システムの構造・機能・進化 ……………109
　　4.5　エネルギー・水に関するイノベーションの
　　　　具体的なケース ……………………………………………………111

4.6 サステイナビリティ・イノベーションに向けた
　　戦略・政策 ……………………………………………114

第5章　長期シナリオと持続型社会
　　　　――将来可能性を見通す…………………………119
5.1　21世紀環境立国戦略と持続型社会像 ………………119
　　5.1.1　シナリオとビジョン　　119
　　5.1.2　フォアキャストとバックキャスト　　121
　　5.1.3　21世紀環境立国戦略　　122
5.2　持続型国土を形成するための長期シナリオ …………123
　　5.2.1　超長期ビジョン検討　　123
　　5.2.2　低炭素社会を実現するビジョン　　126
5.3　持続可能な世界を形成するための長期シナリオ ……134
　　5.3.1　IPCCのSRESシナリオ　　134
　　5.3.2　UNEP GEO　　134
　　5.3.3　ミレニアム生態系評価（MA）　　136
　　5.3.4　OECD環境見通し　　137
5.4　21世紀持続型社会に向けたビジョン ………………139
　　5.4.1　21世紀持続型社会　　139
　　5.4.2　持続可能な国際社会の定量化の枠組と結果　　139
5.5　今後の長期シナリオのあり方 …………………………142

第6章　サステイナビリティ学のネットワーク
　　　　――グローバルに協働する…………………………147
6.1　サステイナビリティの普遍性と固有性 ………………147
6.2　G8大学サミットと
　　　ネットワークオブネットワークス（NNs）……………149
6.3　サステイナビリティ学メタネットワークの構築 ……151
6.4　国連大学によるアジア・アフリカにおける
　　　メタネットワーク形成 ………………………………154
　　6.4.1　気候・生態系変動適応科学（CECAR）の展開　　154
　　6.4.2　アフリカにおける
　　　　　　持続発展教育（ESDA）の展開　　158
6.5　さらなる発展を求めて …………………………………161

終　章　持続可能で豊かな社会を求めて ………………163

索　引 …………………………………………………………………169
執筆者一覧・編者紹介 …………………………………………176

序章
サステイナビリティ学とはなにか

小宮山宏・武内和彦

　すでに起こりつつある地球温暖化，資源枯渇が危惧される一方で大量の廃棄物の発生，ますます加速化しつつある生物多様性の減少，このような人為起源による地球規模の環境問題が指摘されて久しい．しかし，こうした問題に対して解決のめどがたったのは，フロンによるオゾン層の破壊などごくわずかである．なにが問題の解決を困難にしているのであろうか．その要因としては，問題が国境を越えて広がり，しかも問題の原因と結果が複雑多岐にわたっているため，問題解決への道筋が複雑であることがあげられる．

　こうした状況は，局地的な公害問題が大きな社会問題であった1960～70年代にはみられなかったことである．公害問題は，比較的原因と結果がはっきりしていた．また，それを扱う科学も，たとえば大気汚染，水質汚染，騒音といったように，特定の分野を明確にしたうえで，科学的に対処可能なものが多かった．その成果はめざましく，わが国は公害問題の克服にもっとも成功した国といわれるまでになった．しかし，地球規模の環境問題は，そのような対処では問題解決につながらず，さまざまな科学的知識を集結しないと，問題解決への道筋を示すどころか，現象そのものの理解すらできないこともある．

　地球温暖化を例にあげると，二酸化炭素など温室効果ガスの増加と地球気温の上昇との関係の理解は進んでいる．しかし，地球気温の上昇の地域的な差異や，温暖化が降水量の変動にもたらす影響などは，まだ十分な精度をもった理解はできていない．まして，地球温暖化が生物多様性や生態系，人間の健康におよぼす影響などについては未知の部分が大きい．このような現象解明の部分だけでも，気候学や気候モデリングのほか，海洋学，地理情報システム，生物学，生態学，公衆衛生学など多くの学術分野が関係する．

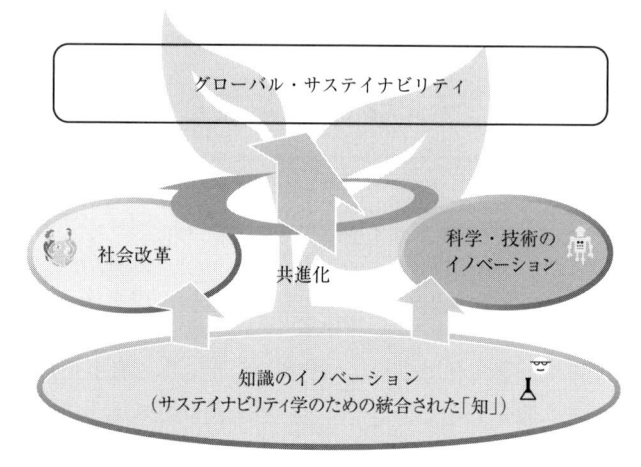

図1　グローバル・サステイナビリティへの道.

　さらに地球温暖化を緩和しようとすると，化石燃料の使用を劇的に減少させ，再生可能エネルギー開発などを加速化させるとともに，徹底的な省エネルギー技術の発展が不可欠となる．そのためには，工学的な観点からの技術開発が欠かせない．また，そうした技術を社会に普及させていくためには，経済を含む社会システムの根本的な変革が必要である．図1は，そのような技術イノベーションと社会変革を深く関連づけながら両者の発展をめざす「共進化」こそが，地球持続性につながることを示している．

　また，あらゆる手立てを講じたとしても21世紀中の一定の温度上昇は避けられないことから，いかに温暖化に適応していくかが問われている．洪水の多発や海面上昇にどう備えるか，温暖化や降水量の変化に応じて作物栽培適地が変化する事態にどう対処するか，感染症などの拡大に対していかなる予防措置を講じるか，など多方面にわたる問題への対策を検討しなければならない．これらを検討するには，それに関連する多くの学術分野の参加が不可欠である．また，温暖化の影響は，とくに途上国においてより深刻化すると考えられていることから，国際開発，国際協力といった分野の参加も重要である．

　このような多くの学術分野を結集して現象解明と問題解決にあたるとなる

と，それを考えるために必要な知識の量は膨大なものとなる．また，そうした膨大な知識のなかには，異なるレベルの不確実性が含まれていることにも注意しなければならない．そのため，私たちは，図1に示したように，技術イノベーションと社会変革の「共進化」の大前提として，知識そのもののイノベーションが必要であると主張している．すなわち，専門分野を限りそのなかで知識の蓄積を体系的に進め，知識量が膨大になれば専門分野を細分化するかたちで知識の管理体系を構築してきた既存の学術体系には限界があるということである．

　第2章で，吉川は，従来の科学は，領域内での整合性のみにしたがうため，不整合や齟齬を察知することに遅れ，しかも劣化を食い止めることが非常に困難であるという状況をも招くことになってしまったと述べ，こうした状況を克服するためには，これまでとは根本的に異なる新たな科学的知識が必要であると主張している．彼によれば，新しい知識は，論理学でいう帰納と演繹を超えた，仮説的推論（abduction）にもとづく構成（synthesis）によって生まれるという．仮説的推論にもとづく行動と構成学的な論理によって生みだされた新しい知識が，地球環境に悪影響を与えない人工物や，自然環境に調和した人工環境の創造に貢献するというのである．

　また，第3章では，梶川と小宮山が，新しい知識と新しいタイプの行動を導くための「知識の構造化」と「行動の構造化」の具体的手法について論じている．個々の研究成果ではなく，研究成果の体系化から新たな統合化された知識を生みだすのが「知識の構造化」である．科学的な成果の集大成ともいえる学術論文のデータベースを解析することは，知識の構造化に対する有効なアプローチの1つである．また，「行動の構造化」とは，世界で行われているさまざまな取組事例を分析し，抽出した単位行動を組み合わせて新しい行動を，各人や各地域の状況にあわせて組み合わせ，新しい行動を設計するためのシステムを構築することである．

　こうした新しい知識を体系化するための知識のイノベーションは，必然的に，科学と社会の関係に大きな転換をもたらす．従来の科学では，まず科学的知識が体系化され，つぎにその知識を社会に応用するための技術開発や，それを社会に定着させるための社会制度の設計が進められ，その結果，課題は解決されるという手順が一般的であった．社会は，いわば科学的成果の受

け手に終始し，社会が科学に積極的に関与することは，原子力や遺伝子組み換え作物の安全性のように，科学技術の成果に対する批判的見解を除いて，ほとんどなかったといってよい．しかし，いまここでいう新しい知識の体系化では，科学と社会の間を知識が行き来して，それが知識の向上にも知識の普及にも役立つことが期待されているのである．

　第4章で，鑓目は，このようなダイナミックな知識のイノベーションを「知識循環プロセス」と名づけ，多様な知識が社会的な制度のもとで，異なるアクターによってさまざまな過程で生産・伝達・活用され，たがいにフィードバック作用を受けながら，ダイナミックな関係を維持したシステムとしてとらえるべきだとしている．したがって，このような新たなタイプの学術においては，知識を社会に普及することは，たんなる社会貢献を超えて，この学術が本質的に内包すべき重要な用件ということになる．とくに構成（synthesis）や行動の設計が妥当であるかどうかは，むしろ社会に成果が還元されて初めて検証されるのである．

　私たちは，サステイナビリティ学を，そのような新しい知識の体系化にもとづく，新たな学術体系と考えている．すなわち，サステイナビリティ学は，細分化された学術では，持続可能性にかかわる複雑な問題は解決できないという認識にもとづき，個別学術を統合化し，複雑な問題を構造的にとらえる新たな学術体系である．サステイナビリティ学では，地球持続性に関する複雑な問題を俯瞰的に理解するための知識のイノベーションとともに，問題を解決するための科学技術や社会システムのイノベーションを包含した長期シナリオの作成やビジョンの提示が重要な課題である．

　ところで，サステイナビリティ学の創生をめざしたサステイナビリティ学連携研究機構（IR3S）の活動は，研究領域の展開という観点からみれば，環境学からサステイナビリティ学への発展としてとらえられる．環境学は，種々の学問体系のなかから環境的要素を取り出し，その純度を高めて学問にしていくという方向で進められてきた．もちろん学の融合もなされたが，環境学以外の学問との関係でみると，環境学としての独立をめざす方向が主流であった．それに対して，サステイナビリティ学は既存の学問そのものを統合していくという方法をとっている．

持続型社会の構築を考えると，環境的要素に純化していったのでは，複雑な問題の解決にはつながらない．サステイナビリティ学では，環境，経済，社会を，その重要な構成要素と考え，それらの相互の複雑な関係性がもたらす問題の同時解決に向けて，俯瞰的で構造的な観点でアプローチしていくのである．このようなアプローチをとるからこそ，たとえば低炭素社会と高齢化社会というこれまで別個に論じられてきた問題を結びつけ，21世紀の豊かな社会づくりへとつなげるといった発想に結びつくのである．実際，筆者の小宮山は，そうした基本構想を「プラチナ構想ネットワーク」とよんで，日本各地の都市で社会実験として展開しようとしている．

私たちは，第1章で詳述するように，サステイナビリティ学を，地球システム，社会システム，人間システムと，その相互関係に破綻をきたしつつある状況を解決するための新たな学術と定義した．この提案は，世代間公平性を重視した環境と開発に関する世界委員会（1987）の「持続可能な開発」の定義，すなわち，「将来の世代の要求を充たしつつ，現代の世代の要求をも満足させるような開発をいう」を補完し，地球，社会，人間という3つの次元での持続可能性を追究するとともに，それらの次元を統合化することの重要性の認識にもとづいている．

また，筆者の武内は，そうした地球，社会，人間システムが破綻しつつある具体的な問題として，化石燃料利用の増大と地球温暖化の進行，天然資源の浪費と廃棄物の増大，生物多様性の減少と生態系の劣化が重要であることを指摘し，そうした問題を解決するためのビジョンとして，低炭素社会，循環型社会，自然共生社会の構築が求められていることを指摘した．これは，いいかえると，エネルギー，資源，生態系の観点から持続型社会をとらえていくということを意味している．さらには，これら3つの社会像の間には相互関係があり，その相互関係のなかで最適解化を求めることこそが，統合的な持続型社会の提案につながると考えたのである．

さて，サステイナビリティ学がめざすべき持続型社会をいつまでにつくりあげていくのかについて，私たちは，2050年を長期的な目標年としている．現在は，地球温暖化対策で2020年の中期目標，2050年の長期目標がわが国でも，また世界的にも議論されている．これは2050年が現在の非持続的な

状況が根本的に改善され，地球持続性へのめどをたてるべき時期がちょうど21世紀の半ばと多くの人たちが考えているからである．いいかえると，そのときまでにめどがたたないと，たとえば地球温暖化や資源の枯渇，生態系の劣化や砂漠化の進行といった事態からみて地球持続性に破滅的な危機が訪れる可能性がきわめて大きいと考えられるのである．

　筆者の小宮山は，1990年代前半から，人類の長期目標を2050年におくのがよいと考え，1999年に『地球持続の技術』（岩波新書）を出版し，「ビジョン2050」を提唱した．このビジョンは，人工物の飽和，資源の枯渇，温暖化の問題が2050年には顕在化するという認識のもと，物質循環システムの構築，エネルギー効率の3倍化，非化石系エネルギーの2倍化を提案したのである．このビジョンの詳細については，本シリーズの第3巻第2章で詳細に述べられている．

　また国立環境研究所を中心とするグループは，環境省地球環境研究総合推進費戦略的研究開発プロジェクト（脱温暖化2050プロジェクト）で，わが国を対象に2050年までに二酸化炭素の排出を1990年比で70%削減するというシナリオを提案した．このプロジェクトでは，科学技術依存型と自然環境調和型の2つの将来像を前提に，2050年までに，すでに存在している最先端技術の適用により，それが実現可能であることを示したのである（第5章参照）．

　ここで強調されているのが，バックキャスティングとよばれる分析方法である．すなわち，現状の延長線上に未来を予測（フォアキャスト）し，二酸化炭素削減の対策を施してもなかなか根本的な状況の改善は望めない．そこで，2050年のあるべき姿を初めに将来像として提示し，そこに至るにはどのような道筋をたどることが必要かを考えるのがバックキャスティングである．そして，2020年の中期目標は，2050年に至るまでの1つの過程としてとらえられるのである．

　国立環境研究所，東京大学，みずほ情報総研株式会社は，同様に共同研究として，2050年に世界全体で持続型社会が形成される可能性について検討した．低炭素社会については2050年までに，先進国，新興国，途上国を含め，世界全体で二酸化炭素排出量を1990年比で半減させるとした．また循環型社会については，鉄など天然資源の利用の飛躍的な循環利用と長寿命化

を実現するとした．さらに，自然共生社会については，世界の森林の量的・質的劣化を食い止め，グローバルにノーネットロスを実現するというシナリオを描き，その実現に向けた問題点を検討した（第5章参照）．

　その結果，低炭素社会実現のために，2050年までに二酸化炭素排出量を年平均2%で削減する必要があり，その実現はけっして容易ではないことがわかった．循環型社会実現については，化石燃料の使用が大幅に制限されるため，資源生産性は大幅に改善されることが明らかとなった．ただし，開発途上国では，経済発展にともない引き続き物質の使用は増大する可能性がある．また，自然共生社会実現については，2050年までの森林面積の減少は途上国でも比較的小さく，バイオ燃料などの増産が森林破壊をもたらさなければ，世界全体でノーネットロスの実現は可能であることが示唆された．

　もちろん，2050年までに持続型社会を構築していくためには，世界全体での取組を加速化していく必要がある．学術面でも，先進国，途上国を問わず，サステイナビリティ学を発展させていく必要がある．しかし，一方で，それぞれの地域で，独自にサステイナビリティ学の体系化をめざしたのでは，地球持続性という困難な課題の実現に間に合わない可能性も出てくる．そこで，世界的な共通戦略を構築すると同時に，サステイナビリティを支える学術の発展を同時に推進していくための共通のプラットホームの構築が非常に重要となる．

　しかし，一方で，持続可能性は，それぞれの社会システムや地域固有の価値観といった問題に対する深い理解なしにはなしえないし，ほんとうの意味での豊かな人間社会の構築につながらない．そこで必要なのは，それぞれの地域や各国の自然的，社会的，文化的多様性を尊重しつつ，世界が協調して1つの大きな目標に向かっていけるような学術の構造が望ましい．私たちは，それがそれぞれの地域の固有な学術ネットワークを世界全体として緩やかなネットワークで結びつけるような考え方が必要なのではないかと提案し，そのようなサステイナビリティに関するネットワークのネットワークを「グローバル・メタネットワーク」とよんでいる．

　2009年2月に東京大学で開催した第1回のサステイナビリティ学に関する国際会議（International Conference on Sustainability Science；ICSS）は，グ

ローバル・メタネットワークを構築するためのプラットホームとして企画されたものである．第6章で筆者らが述べているように，こうした考え方こそが，地球的な課題への共通戦略の構築と，他方で，それぞれの地域における個性豊かな持続型社会づくりを両立させるもっとも望ましい方法なのではないかと考えている．このことは，また国連などが主導する国際的な枠組の構築や合意形成を進めると同時に，先進国，新興国，途上国という，大きく状況の異なる地域の問題をあわせて考えていく際の，議論や対策のギャップを埋めることにも貢献すると考えられる．

第1章
サステイナビリティ学の創生
―持続型社会をめざす

武内和彦・小宮山宏

1.1 持続可能な開発と学術創生の必要性

1.1.1 台頭する学術としてのサステイナビリティ学

サステイナビリティ学の源泉は,環境と開発に関する世界委員会(通称,ブルントラント委員会)による「持続可能な開発」の提唱にさかのぼる(World Commission on Environment and Development；WCED, 1987).この委員会は,「次世代の利益を損なわずに現世代の利益を追求する」という世代間の公平性の観点に立った「持続可能な開発」(sustainable development)の概念を提案し,経済と環境の共存をめざした開発が必要であることを世界に訴え,多くの支持を得た.いまや,国際政治を含む国際社会のなかで,「持続可能性」(sustainability)という概念は,21世紀社会の最重要用語の1つになっている.

しかし,一方で,この持続可能な開発という概念が十分な学術的基礎をもたずに展開されてきたことから,それを支える科学技術との関係が必ずしも明確になっていないという問題点が指摘されてきた(Cohen *et al*., 1998).1990年代には,国際科学会議(International Council for Science；ICSU)が持続可能性のための科学と技術に関する検討を開始し,持続可能な開発の議論にみられる南北問題を含む政治的なバイアスから自由に,科学技術と経済社会の基本的関係に関する認識にもとづいたサステイナビリティ学創生への要求が高まった(Kates *et al*., 2001；ICSU, 2002；Clark and Dickson, 2003).

その結果,アメリカ合衆国やヨーロッパ諸国の学術界で,サステイナビリティ学を創生する機運がいっきょに高まった.とくに,特定の課題に限定しない包括的で俯瞰的なサステイナビリティ学を構築しようとしているのは,

ハーバード大学ケネディスクールのビル・クラーク教授らが世界最大級の学術組織である全米科学振興協会（American Association for the Advancement of Science；AAAS）の場で展開している「持続可能な開発のための科学とイノベーションに関するフォーラム」（Forum on Science and Innovation for Sustainable Development）である．このフォーラムでは，全米のみならず欧州や日本からも多数の研究者が出席して，サステイナビリティ学の発展に向けた連携を強化している（Clark, 2007）．

他方，ヨーロッパでは，特定のテーマを重視したサステイナビリティ学への取組がさかんである．たとえば，イギリスのイーストアングリア大学を中心とする大学ネットワークによる気候変動への取組を進めるティンドールセンターや，EU の気候政策に大きな影響を与えているドイツのポツダム気候影響研究所の活動は，国際的にも注目されている．また気候変動の影響を考えると生態系の応答や社会の適応が重要な検討課題になるが，それを検討する際の鍵になるのが，生態系の復元力（レジリエンス resilience）である．スウェーデンのストックホルム・レジリエンスセンターは，そうした研究についての世界的拠点となっている．さらには，エネルギーの持続性に注目したイタリアのローマ大学を中心とする大学ネットワーク（CIRPS）も，交通に関する新エネルギー政策などで大きな成果をあげている．

これに対して，東京大学は，後に述べる「人間地球圏の存続を求める大学間国際学術協力」（Alliance for Global Sustainability；AGS）への参画や，ネットワーク型のサステイナビリティ学の世界的研究拠点形成をめざすサステイナビリティ学連携研究機構（Integrated Research System for Sustainability Science；IR3S）の設立などを通じて，サステイナビリティ学創生の一翼を担おうとしている．とくに，IR3S では，中国，インドなど新興国を含み，もっとも今後の経済成長が著しく 21 世紀における地球環境の持続可能性の鍵を握るアジアに焦点をあてつつ，サステイナビリティ学の創生をめざしている（Komiyama and Takeuchi, 2006）．

1.1.2　サステイナビリティ学と知識の構造化

サステイナビリティに関連する人類的な課題への取組を困難にしている原因としては，問題の複雑化とそれに対応する学術の細分化の問題があげられ

る．すなわち，地球環境問題に代表されるようにサステイナビリティの危機は複雑多岐にわたる要因によってもたらされており，問題そのものを総合的にみることは容易でない．いっぽう，こうした複雑多岐の問題に対応する学問は専門化による細分化が進み，現象解明についても問題解決についても，限定された側面での検討にとどまっている．

そもそもサステイナビリティに危機をもたらした状況の根本的な原因は，産業革命以降の工業化の進展とそれに支えられた急激な経済成長にあり，その結果，とくに20世紀は膨張の世紀といわれるほど，化石燃料をはじめとする不可逆的な資源・エネルギーの消費が拡大した．それとともに，局所的な公害問題が深刻化し，やがて地球規模での環境問題へと大きな広がりをみせるようになった．問題の広がりは，因果関係を複雑化させ，問題の主たる原因地域と被害の主たる発生地域が地球スケールで異なってくるといった現象解明と問題解決の双方にまたがる複雑化が進行している．

小宮山（2004）は，学問の立場でこうした問題に糸口を見出す方法として，知識の構造化が重要であると主張してきた．複雑に関係しあう問題群を解決するには，莫大な知識がさまざまな領域に分散する学術と，より目的志向の社会をつなぐ科学技術の統合化が必要である．知識の構造化は，既存の学術やメカニズムを刺激し，よりよい未来のためのシナリオづくりに寄与する発想を支援し，発明への指針となる（Komiyama et al., 2004）．こうした知識の構造化は，あらゆる現象の解明と学術，教育，ひいては産業のニーズに呼応可能と考えられるが，とりわけサステイナビリティ分野における効果は高いといえる．

知識の構造化の例として，AGSの国際共同研究として実施された「東京ハーフプロジェクト」があげられる（Krains et al., 2001；図1.1）．これは，東京を事例に，さまざまな種類の二酸化炭素の排出源における排出過程を計量的にとらえたうえで，各排出源からの二酸化炭素排出量を共通のコンピュータ上のプラットホームに集め，全体としての東京の二酸化炭素排出量を算定するモデルである．

このモデルは，同時に各排出源の二酸化炭素削減の取組の積算が東京全体の二酸化炭素排出の増減にどのような影響をもたらすかを評価できる．また，ポスト京都議定書の議論で要求される二酸化炭素排出半減を達成するために

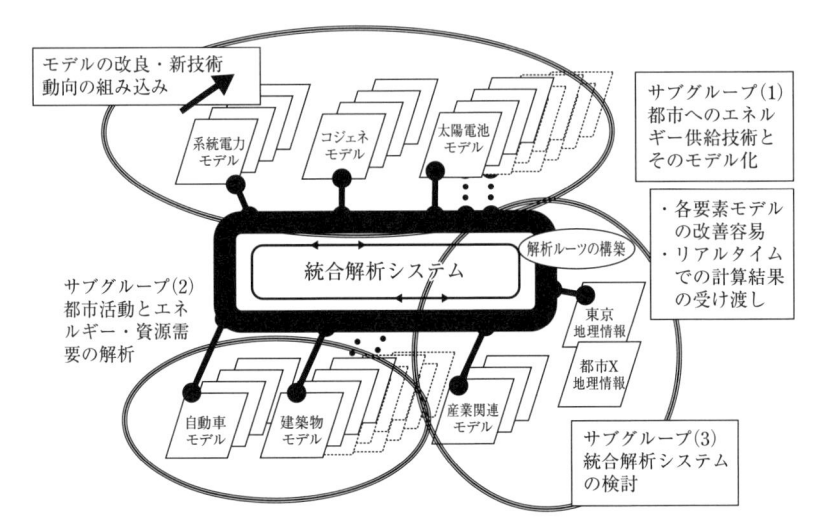

図1.1 東京ハーフプロジェクトの概要（花木，2003）．

は，産業，民生などの各セクターがいかなる対策を講じるべきかの指針が示される．

　私たちは，そのような問題の構造化と学術の構造化からなるサステイナビリティ学における知識の構造化に果敢に挑戦し，この新しい学術に俯瞰的な視野を与え続けたいと思う．情報技術の革新は，幾何級数的に増大する知識を再統合するために不可欠な手段である．それは細分化された学問が，けっして地球システムから人間システムにおよぶサステイナビリティの破綻しつつある状況を総合的に解決する方策を示しえないという現代の学術の根本的問題の解決に近づいていく道筋を示すことと期待される．

　本巻では，第3章において，情報技術を用いたサステイナビリティ学における知識の構造化の具体的結果について論述するとともに，そうした成果を社会の問題解決につなげるための「行動の構造化」についても述べる．

1.1.3　サステイナビリティ学のアプローチ

　サステイナビリティ学の対象は，科学技術，社会経済，さらには人間自身におよぶことから，それを扱う学術は，必然的に自然科学と人文社会科学の両面を包含したものとならざるをえない．しかし，膨大な学術成果の蓄積と

学術の細分化が進むなかで，個人ないしは特定の研究集団がそれらを網羅的に扱うことは，ほとんど不可能なように思える．そこで，必要なのが，個々の専門分野がサステイナビリティに関する定量化可能な基準と指標を提供する仕組みを構築し，それらの組み合わせにより問題と学術の構造化を行えば，現象解明から問題解決に向かう道筋を示しうると考えられる．

　ここで強調しておきたいのは，そのような基準と指標は，あくまでも科学の規範にしたがって客観的でなければならないが，しかし一方で問題解決の方向が1つである必要はなく，むしろ問題解決の方向は，それぞれの地域や国の自然的・社会的・文化的特性に応じて多様であるべきだということである．地球環境問題に対する画一的な対応は，経済のグローバル化に呑み込まれた地域と同じく，地域の多様性を大きく損ない，結果として人間性の回復を含めたトータルなサステイナビリティの確立を阻害する結果となりかねない．問題と学術の構造化の過程で地域や国ごとに異なる構造化モデルを提案することで，構造化の過程が多様性を生みだす駆動力となることが期待される．

　いっぽう，サステイナビリティ学における特有の問題として，これまでの現象解明が終わってから問題解決に乗りだすこれまでの基礎学と応用学の関係とは異なり，現象解明が不十分で不確実性が避けられない状況において問題解決のための対策を講じる，すなわち「現象解明と問題解決の同時追究」という基本姿勢は強調されなければならない．地球温暖化がまさにその典型例であり，複数の温暖化予測モデルの提供する未来が依然として不確実であっても，温暖化対策に手をつけないわけにはいかないのである．

　このような状況を可能とするには，予防的アプローチを徹底し，そうしたアプローチとその実現のための具体的諸活動について社会の各セクターが合意できる仕組みが必要である．科学者と市民の対話が求められるのは，まさにこの点においてである．サステイナビリティ学には，将来を科学的に予測し，対策効果を適切に評価するとともに，予測評価結果を社会の各セクターが受容し，それを地球持続性構築のための社会変革につなげるという移行のマネジメントに関する知識体系も強く求められるのである．

　問題解決に向けた貢献が求められるサステイナビリティ学において，研究者と産業界，市民社会との連携はとくに必要である．サステイナビリティ学

の成果を社会と個人の啓発にまで押し広げることによって初めて,サステイナブルな社会を構築するための礎を築くことができる.そのためには,環境調和型社会基盤技術や循環型社会システムのデザインの提案やそれらの実現のための手法といった,産業構造や市民生活を大きく変革する可能性についても,十分検討していく必要がある.

　また,サステイナビリティ学に求められるのは,地球システムから人間システムに至るまでの超長期的な変動を体系的に把握する想像力をもち,持続可能な未来を選び取っていくリーダーシップを発揮する人材の育成である.とくに資源・エネルギーと地球環境の大きな制約から持続可能性に大きな危機が訪れることが予想される 21 世紀中ごろに生きる世代が,この問題に大きな関心を寄せ,問題解決に向けて行動を起こすことは,決定的に重要である.そのため,世界が連携してサステイナビリティに関する普遍性と特異性の両面に配慮した教育プログラムを進展させることが望まれる.

1.2　東京大学と AGS の活動

1.2.1　AGS への参画

　東京大学のサステイナビリティに関する本格的な取組は,1994 年の「人間地球圏の存続を求める大学間国際学術協力」(Alliance for Global Sustainability;AGS)への参加にさかのぼることができる.当時の吉川弘之総長が,スイス連邦工科大学 (ETH) のヤコブ・ニュイシュ学長,マサチューセッツ工科大学 (MIT) のチャールズ・ベスト学長とともに,スイスの実業家で慈善財団を主宰するステファン・シュミットハイニー氏の多額の資金援助を得て,3 大学で AGS を結成することに合意したのである.

　シュミットハイニー氏からの資金援助は最初の 5 年間で終了したが,2001 年に始まる第 2 期からは,加盟大学が資金調達を行って事業を継続している.また,第 2 期からは,スウェーデンのチャルマース工科大学も加わり,今日に至るまで欧米・アジアにまたがる 4 大学連合として,サステイナビリティに関する研究教育を続けている.

　AGS を東京大学として推進していくために,サステイナビリティに関連する文理にまたがるさまざまな専門分野の研究者が結集した.この分野に関

図 1.2　イェーテボリで開催された AGS に参加した面々（撮影：チャルマース工科大学）.

する学際的研究を促進するために，学内公募による研究テーマの募集も行った．また毎年持ち回りで開催される AGS 年次総会には，総長が毎回出席し，教員のみならず学生も多数参加してきた（図 1.2）．

いっぽう，1998 年には，本郷キャンパス，駒場キャンパスに続く第 3 の主キャンパスとして整備が進んだ柏キャンパスに新領域創成科学研究科が設立され，「学際」を超えた「学融合」の理念がうたわれるとともに，環境学専攻が設置された（この専攻は，後に 6 専攻に発展する）．これらの取組から，東京大学において，いっきょに環境学を基礎としたサステイナビリティについての研究教育が進展したのである．

AGS への参加は，2004 年の国立大学法人化以降の東京大学の課題の 1 つである大学の国際化にとっても，またとない経験を得る機会となった．従来の専門分野に限られた国際会議への参加や国際学術誌への投稿と異なり，サステイナビリティに関する広範なテーマで自由闊達な討議が求められる場にさらされることは，参加した多くの教員や学生にとっては大きな試練の場であると同時に，個々人の学術的なサブスタンスが，けっきょくは評価で重要であることをあらためて確認する場でもあった．

さらに驚嘆したことは，他大学，とくに MIT のあくなき研究資金獲得への意欲であった．これは東京大学や ETH と異なり，研究資金を獲得しない

ことには若手研究者の雇用もままならないというMITの状況を反映したものであった．数日間で数十枚もの申請書（プロポーザル）を書く能力には脱帽せざるをえなかった．かくして，AGSにかかわった教員・学生は，いやおうなしに国際的競争環境に向きあっていくことになる．

AGSへの参加でとくに学んだのは，当時の東京大学では全学的に展開されていなかった産学連携に対する積極姿勢である．ボストンのMITで開催されたAGS年次総会の祝宴で大企業のトップを主賓に迎える大学文化には正直驚いた経験がある．これは大企業からの研究教育に対する資金援助への強い期待の表れであると同時に，大学と産業界との結びつきの強固さの反映でもあると思われた．

AGSに参加した当初は，他大学がさかんに使う「アウトリーチ」という言葉にはなじみがなかった．しかし約15年のAGS活動を経て，社会との双方向の対話を通じて持続型社会をめざすための大学における研究成果の社会への発信，すなわちアウトリーチが重要であることを実感できるようになった．

1.2.2 AGSでの活動

AGSでは，サステイナビリティに関する研究プロジェクトを実施してきた．これは，参加大学の研究者による申請書を審査して採否を決定するものである．審査に際しては，複数の参加大学の教員が参加したプロジェクトが重視されていた．これは，AGSの加盟大学間研究連携を促すための工夫であり，いくつかのプロジェクトは大きな成功をおさめたが，それでも各プロジェクトが個別研究の集大成でしかない傾向がみられた．

そこで，第3期の2004年以降は，AGSとして総力をあげて取り組むべき研究プロジェクトを，フラッグシッププロジェクト（Flagship Project）として実施している．まず「エネルギー・パスウエイ」を，つぎに「食料と水」をテーマに取り上げ，さらに最近になって「都市の未来」をテーマに追加した．こうしたフラッグシッププロジェクトが，国際社会に対してインパクトのあるメッセージを送ることができるかは，AGSに課せられた大きな課題である．

AGSのもう1つの大きな特質は，学生の積極的な参加を募ったというこ

図 1.3 IPoS での実習現場（撮影：関山牧子）．

とである．年次総会やプロジェクトに参加した学生が中心となった自主的な取組もさかんである．東京大学には AGS 学生コミュニティ（AGS-UTSC）が結成され，気候変動枠組条約の締約国会議（COP）にオブザーバー参加するなど，活発な活動を展開している．

また 2000 年以降，ETH が中心となってスイスの山荘などで開催される Youth Encounter on Sustainability（YES）という名のサマーワークショップでは，話題提供，見学，討論，発表の手順で参加型の教育が行われ，学生どうしの親睦を深めるよい機会ともなっている．東京大学も，2004 年以降，タイにあるアジア工科大学院（AIT）や日産財団などと連携し，タイや日本における問題の現場で Intensive Program on Sustainability（IPoS）を実施し，AGS 参加大学などからの多数の学生の参加を得て大きな成果をおさめている（図 1.3）．

1.3 IR3S の創設と大学・研究機関ネットワーク形成

1.3.1 サステイナビリティ学連携研究機構（IR3S）の誕生

こうした AGS の活動の成果をふまえて，サステイナビリティに関して全学に膨大に蓄積された知識を構造化し，地球持続性の鍵を握る成長著しいアジアのサステイナビリティへの取組を推進する目的で，科学技術振興調整費

（戦略的研究拠点育成）に「国際サステイナビリティ戦略研究機構構想」の課題名で応募することになった．

　この時期，筆者の小宮山が東京大学総長に就任したこともあり，本申請内容は，国立大学法人化後の東京大学における全学にまたがるネットワーク型研究組織構築のビジネスモデルとなりうると考えられた．こうした考えは，トップダウンにより大学・研究機関の組織改革を進め，国際的に卓越した人材創出と研究拠点の育成を図ることを目的とする戦略的拠点育成の趣旨にも合致していたのである．

　この申請に対して，科学技術振興調整費審査部会と総合科学技術会議から，東京大学単独で事業を進めることについて疑義が呈された．とくに総合科学技術会議からは，世界でいまだ未確立のサステイナビリティ学の創生をめざすのであれば，東京大学が幹事校となって，この分野における優れた業績を有する日本の大学・研究機関と連携し，ネットワーク型の世界最高水準の研究拠点形成をめざすべきとの指摘があった．

　そこで関係者が協議し，この分野において，東京大学にとどまらず日本全体の大学・研究機関のネットワークを形成することは，挑戦的ではあるが有意義な取組ではないかとの結論を得て，最終的に審査部会から提示されたネットワーク型研究拠点形成へと申請内容を大きく変更することになったのである．

　再提出された課題名が「サステイナビリティ学連携研究機構構想」である．サステイナビリティ学連携研究機構の英語名は，協議の過程で名称のあがった Integrated Research System for Sustainability Science（略してIR3S）とした．このIR3Sが，戦略的研究拠点育成の初年度に参加機関の提案公募を行い，英文での提案書の提出を求めた．

　15機関から応募のあった提案書は，日本人1名を含む12名からなる国際第三者評価委員会の場で厳正に審査され，最終的に東京大学を含む5つの参加大学が決定された．参加大学においては，それぞれ，東京大学に「地球持続戦略研究イニシアティブ」（TIGS），京都大学に「京都サステイナビリティ・イニシアティブ」（KSI），大阪大学に「サステイナビリティ・サイエンス研究院」（RISS），北海道大学に「サステイナビリティ・ガバナンス・プロジェクト」（SGP），茨城大学に「地球変動適応科学研究機関」（ICAS）とい

図 1.4 IR3S の組織図.

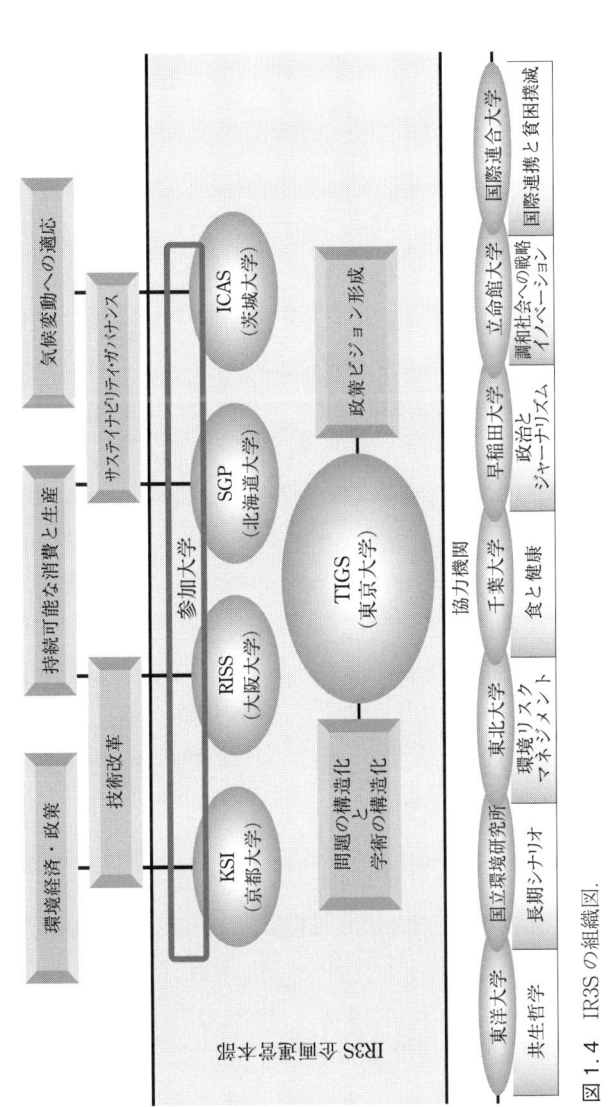

う，連携による研究教育のための拠点が形成されるとになった．

TIGS（Transdisciplinary Initiative for Global Sustainability）は知の構造化による地球持続戦略の構築，KSI（Kyoto Sustainability Initiative）は社会経済システムの改編と技術戦略，RISS（Research Institute for Sustainability Science）はエコ産業技術による循環型社会のデザイン提言，SGP（Sustainability Governance Project）は持続的生物生産圏の構築と地域ガバナンス，ICAS（Institute for Climate Change Adaptation Science）はアジア・太平洋の地域性を生かした気候変動への適応，をそれぞれ担うことになった．

また，参加大学間の研究活動の一体化を推進するため，AGS の経験にもとづき，3つの連携研究プロジェクトを設けた．それらは，「サステイナブルな地球温暖化対策」「アジアの循環型社会の形成」「グローバルサステイナビリティの構想と展開—社会経済システムの改編と科学技術の役割」である．

これらの参加大学とは別に，上記の研究活動では包含しきれない問題を扱うために，TIGS のもとに個別研究課題を扱う協力機関を設けた．最初に参加した協力機関名とそのテーマは，東洋大学（共生哲学），国立環境研究所（環境政策の長期シナリオ），東北大学（環境リスク），千葉大学（食と健康）である．その後，早稲田大学（政治とジャーナリズム）と立命館大学（戦略的イノベーション）が加わった．さらに，戦略的拠点育成の最終年度となる 2009 年度からは，サステイナビリティ国際研究メタネットワーク形成への貢献ということで，東京に本部をもつ国際連合大学（UNU）が加わった．

こうした協力機関が，参加大学の研究活動を補完しながら，全体としてサステイナビリティ学創生をめざす日本チームが結成されたということができよう（図 1.4）．戦略的拠点育成の育成期間終了後は，東京大学内の IR3S とは別に，「一般社団法人サステイナビリティ・サイエンス・コンソーシアム；SSC」を設立し，これまでの参加大学や協力機関にとどまらず，その他の大学や研究機関，企業，自治体，NGO などにも幅広く参加をよびかけて，サステイナビリティ学に関する日本チームの充実を図っていく．

1.3.2　IR3S が考えるサステイナビリティ学の領域

IR3S では参加大学の協議にもとづき，「地球社会を持続可能なものへと導

くための学」すなわちサステイナビリティ学の概念を明確にしようと試みた．私たちは，持続可能な開発の概念に典型的に示される世代間公平性の問題とともに，地球システム，社会システム，人間システムという，地球と人類の存立に不可欠な3つの階層的なシステムを取り上げ，それぞれ，およびそれらの関係性において破綻がもたらされつつある状況を，サステイナビリティの危機ととらえる視点を重視したいと考えた．

　ここにおいて，地球システムとは，気圏・地圏・水圏・生物圏といった地球スケールの人間の生存基盤であり，資源・エネルギーの提供や生態系の形成を通じて，人間の生存を保障とする．地球システムは気候変動，地殻変動などの地球科学的な変動をもたらし，しばしば人間生存と人間活動に大きな影響をもたらす．いっぽう，人間活動の急激な拡大は，地球システムの変動に大きな影響をおよぼすまでになっている．オゾン層の破壊や地球温暖化がまさに，そうした人為的変動の代表例である．

　それに対して社会システムとは，人間がつくりあげてきた政治・経済・産業などの仕組みであり，人間が幸福な生活を営むための社会基盤を提供している．この社会は，経済成長や技術発展によって豊かになったといわれているが，一方で公害問題の深刻化や所得格差の拡大といった社会問題を生みだすという負の側面も顕在化してきた．

　そうした問題の影響範囲は，社会システムの範囲を超えて地球規模にまで拡大しているのであり，地球環境問題はそのような問題の典型例であると考えられる．また，先進国にみられる少子化問題は，基本的な社会の単位である家族の持続可能性が問われている問題であるといえる．こうした深刻化した問題への反省に立って，あらためて真に豊かな社会とはなにかが問われているのである．

　また人間システムとは，人間自身の生存を規定する諸要素の総体であり，社会システムとも密接に関係している．このようなシステムが機能していくためには，人間が健康で，安全に，安心して生活し，たんに命を生きながらえさせるだけでなく，生きがいがもてるようなライフスタイルと価値規範が確立されていることが重要である．しかし，現実には疾病や病理，あるいは社会システムに起因する不平等が人間の肉体と精神をむしばんでいる．

　人間を取り巻く社会が複雑化し，環境が劣悪化するにしたがって，人間シ

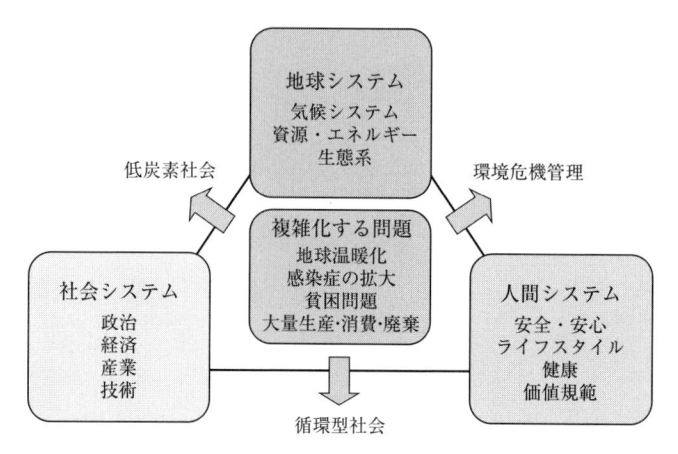

図1.5 地球・社会・人間システムと持続可能性の方向.

[図中: 地球システム（気候システム，資源・エネルギー，生態系），社会システム（政治，経済，産業，技術），人間システム（安全・安心，ライフスタイル，健康，価値規範），複雑化する問題（地球温暖化，感染症の拡大，貧困問題，大量生産・消費・廃棄），低炭素社会，環境危機管理，循環型社会]

ステムは，ますます不健全なものとなりつつある．こうした問題の象徴が，南北格差が拡大するなかでの途上国にみられる飢餓や貧困の問題である．これは国連が提唱するミレニアム開発目標でも強調されている（UN Millennium Project, 2005）．また，宗教などの価値規範の問題も重要である．ここに人間システムにおける持続可能性の問題が存在している．

さて，これら3つのシステム間の密接な相互関係のもとで発現している地球規模の諸問題とその解決に向けての提言されるべきビジョンの方向について考えてみよう（図1.5）．

地球システムと社会システムの相互作用がもたらす問題の典型例は地球温暖化問題であり，温暖化ガスの大幅な排出抑制などを可能とする社会の制度改革や技術革新を含む脱温暖化社会の構築が求められる．

社会システムと人間システムの相互関係がもたらす問題の1つの例は，廃棄物問題である．リデュース，リユース，リサイクルの促進とともに，資源の循環利用を前提とした製造物工程の見直し，資源節約型ライフスタイルの確立を含めた循環型社会の構築が求められる．

さらに地球システムと人間システムの相互関係は，人間の生活に直結しているという点において，いっそう深刻な問題を内包している．たとえば，地球温暖化にともなう感染症の拡大，海面上昇にともなう居住地の喪失と余儀なくされる移転，オゾン層破壊による紫外線の増大とそれが人体に与える影

響などがそれであり，これらの問題解決のためには，安全・安心な暮らしを確保する人間の安全保障の確立が重要となる．

このようにサステイナビリティ学は地球・社会・人間システムの持続可能性にかかわる諸課題・側面を包括的に究明する学術体系であり，その維持・向上に貢献することを究極の目的としているのである．

1.3.3 連携教育の推進

IR3Sでの連携研究プロジェクトの推進とならぶもう1つの重点課題が，連携教育プロジェクトの推進である．新しい学術としてのサステイナビリティ学を創生し発展させていくには，教育プログラムの整備により人材育成を図っていく必要がある．とくにサステイナビリティ学のような文理にまたがる多岐の専門分野を包含した学術体系の構築が求められる分野では，一定の専門性に依拠しつつも，それを含む幅広い問題への取組が可能な俯瞰的な視野をもった人材の育成が不可欠であり，またそのための教育プログラムの開発が必要である．

東京大学では，柏キャンパスにある新領域創成科学研究科の環境学系に英語によるサステイナビリティ学教育プログラムが設けられた．英語による教育プログラムとしたのは，この分野における国際的な人材育成に資するとともに，海外，とくにアジアの開発途上国からの留学生の受け入れを考えたからである．この教育プログラムの開発においても，これまでのAGSにおけるYESやIPoSといった短期的な教育プログラムの成果がいかされている．

東京大学以外の参加大学においても，それぞれの大学の状況に合致したかたちで，サステイナビリティ教育プログラムが展開されている．参加5大学は，サステイナビリティ学連携教育プログラムとして，「サステイナビリティという概念の持つ多様性・国際性・学際性をよく理解し，社会的活動の実践の中でその実現に向かって行動できる人材を育成すること」を共通の目標としてめざすことになった．

サステイナビリティに関する教育を連携して行うことにより，参加大学ごとに特徴的な講義や実習を他大学の学生が受講できるようになり，サステイナビリティに関して必要な知識を学生が主体的に選択し学ぶ機会が増大する．また日本の大学では英語の講義数がまだまだ不足しており，参加大学全体と

して英語による講義の多様性を確保できるという面もある．この連携教育プログラムに参加した学生は，IR3S（育成期間終了後は SSC）から共同認定証が授与される．今後は，参加大学間での二重学位や共同学位制度への発展が期待される．

1.4 サステイナビリティ学と 21 世紀持続型社会の構築

1.4.1 社会像の統合と持続型社会

以上のように，サステイナビリティ学では「問題と学術を構造化し，サステイナビリティに関する指標と基準を明確にしながら，自然科学と人文社会科学を融合させた俯瞰型学術体系の構築」が必要である．こうした認識にもとづき IR3S が現在，重点的に取り組んでいるのは，低炭素社会，循環型社会，自然共生社会の融合による 21 世紀持続型社会の構築である（図 1.6）．

すでに小宮山（1999）は，2050 年までにエネルギー効率を 3 倍にし，循環型社会を構築するとともに，再生可能エネルギーを 2 倍にすることで，21 世紀持続型社会が構築できるとする「ビジョン 2050」を提唱している．また，国立環境研究所を中心とする研究チームは，現在存在する先端技術の組み合わせにより，2050 年までに日本の二酸化炭素の排出を 70% 削減することが可能であるという道筋を示している（西岡，2009）．IR3S では，国立環境研究所の協力を得て，2050 年を目標とした，二酸化炭素半減を基調とす

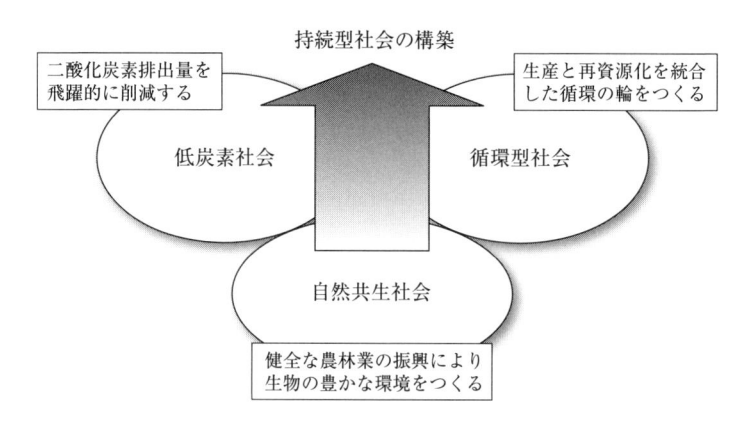

図 1.6 3 社会像の統合による持続型社会の構築（武内，2007）．

る低炭素社会，天然資源の循環利用による循環型社会，生物多様性と生態系を保全する自然共生社会の世界像を描く試みを始めている．

このような3社会像の統合という考え方は，2007年6月に閣議決定された21世紀環境立国戦略の基本方針として採用され，その後の日本の環境政策の見直しにも反映されている．こうした融合の方針を示すことは，縦割りになりがちな政策間の連携を強化し，より有効な総合施策を展開するうえで重要と考えられる．

国際的な取組についても，気候変動枠組条約，3Rイニシアティブ，生物多様性条約などのシナジーが求められており，こうした課題にも対応していく必要がある．またシナジーは，政策レベルの議論で必要であるにとどまらず，低炭素社会，循環型社会，自然共生社会それぞれの構築に関係する専門家間の交流を促進し，それら3社会像の最適解としての21世紀持続型社会のビジョン提言につながるものと期待される．

1.4.2 アジアにおける展開

こうした国際的な政策のシナジーに関連して，現在IR3Sが地球環境戦略研究機関（IGES）とともに取り組んでいるのが，環境省地球環境研究総合推進費による「アジア太平洋地域を中心とした持続可能な発展のためのバイオ燃料利用戦略に関する研究」である（図1.7）．

この研究は，バイオ燃料の増産が，食料生産と競合しないか，また生態系の破壊につながらないかを，社会経済的分析や，ライフサイクルアセスメントによって明らかにし，さらには第2世代バイオ燃料の技術開発がそれらの関係をどう変えるのかを予測することで，バイオ燃料利用のあるべき姿について提言しようとするものである．

またこの研究では，とくに中国，インド，インドネシアなどにおいて，地域的政策パッケージや地域政策協調のあり方についても提案しようとしている．一例として，アジアの途上国でのエネルギー作物栽培のためのプランテーション型耕作地拡大は，結果として地域住民の福利を脅かしかねない危険性をはらんでいる．こうした地域では，むしろ地域の福利向上につながる地域住民主導による小規模なバイオ・エネルギー利用の促進が望まれるのではないか．その意味で，途上国のバイオ・エネルギー利用については，マク

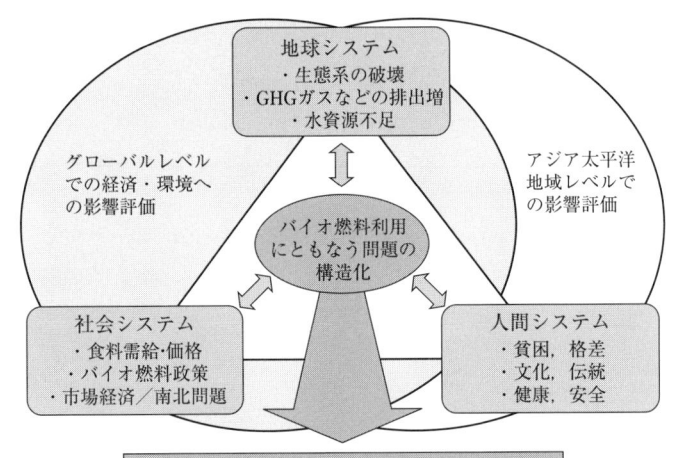

地球・社会・人間システムにまたがる複雑な問題を構造化するサステイナビリティ学のアプローチにより，バイオ燃料利用拡大の複合影響を総合的に評価し，アジア太平洋地域を中心に，国家，地域，世界レベルでのあるべきバイオ燃料利用戦略を提示．

図1.7 アジア・太平洋を中心としたバイオ燃料利用戦略検討の流れ．

ロ・ミクロ両面でその持続性を評価すべきである（武内，2009）．

　成長著しいアジアでは，エネルギー需要の増大にともない二酸化炭素が急激に増加し，気候変動をさらに深刻化させることが懸念されている．IR3Sでは，昭和シェル石油株式会社と共同して「エネルギー持続性フォーラム」を設立し，日本を含むアジアを中心としたエネルギーの将来について検討を行っている．

　このフォーラムでは，生産技術研究所の西尾茂文教授らが提唱した2030年までにエネルギー効率を50%にまで高め，化石燃料の割合を50%にまで下げ，さらにエネルギー自給率を50%にまで高める「Triple 50」の提案を，湯原哲夫特任教授らが中心となって中国に展開し，2050年までにTriple 50を実現するための道筋を示している（図1.8）．

　中国では，原子力の安全性の問題，クリーンコール技術の導入，二酸化炭素回収・貯留（CCS）技術の適用可否など検討すべき課題は多いが，IR3Sとしては，地球環境問題と地域環境問題の同時解決をめざして，今後とも中国やインドの環境・エネルギー施策にかかわっていきたいと考えている．

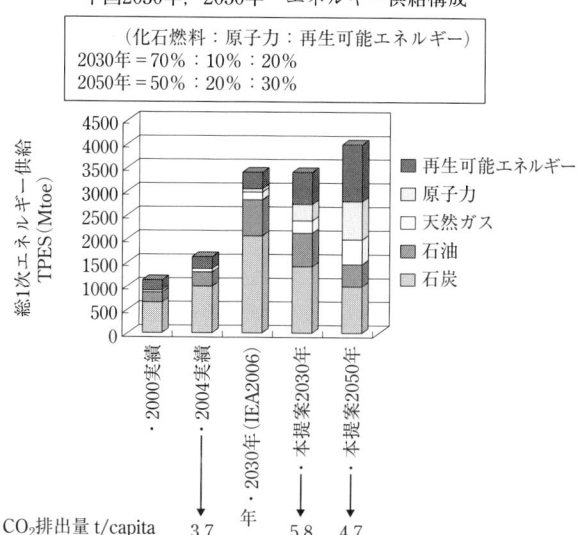

中国2030年，2050年 エネルギー供給構成

（化石燃料：原子力：再生可能エネルギー）
2030年＝70％：10％：20％
2050年＝50％：20％：30％

図1.8 中国における2050年までのTriple 50達成へのシナリオ（湯原らによる）（グローバルCOE「世界を先導する原子力研究イニシアチブ」創立記念第2回国際シンポジウム資料より）．

　また，今後IR3Sが展開すべき研究領域としては，開発途上国における環境改善や貧困撲滅への貢献があげられる．気候変動，資源の枯渇，生態系の劣化などは，こうした地域においてより深刻な影響をもたらすといわれており，いかにそうした問題を解決するかを考えると同時に，そうした問題の影響を緩和する政策を積極的に開発途上国で展開していく必要がある．

　IR3Sでは，IPCCの議長であるラジェンドラ・パッチャウリ博士が毎年ニューデリーで開催しているDelhi Sustainable Development Summit（DSDS）や，白川郷で開催されたRegional Sustainable Development Summitなどを積極的に支援し，インドの貧困撲滅にかかわるサステイナビリティの実現に関心を寄せるとともに，パッチャウリ博士が理事長を務めるエネルギー資源研究所（TERI）にIR3S New Delhi Research Unit（INDRU）を設置して，農村開発の専門家を長期派遣してきた．今後は，国際連合大学などと連携し，アジア・アフリカの最貧国でも研究教育活動を展開したいと考えている．

1.4.3　地球持続戦略の構築に向けて

　持続型社会は，地球持続性を実現するための世界共通の究極の目標であり，世界共通の戦略のもとで，その実現をめざす必要がある．しかし一方で，人間社会の豊かさを維持するには，それぞれの地域ごとの自然的，文化的多様性の維持・確保が必要である．両者を矛盾なく共存させるには，世界の学術界が議論を繰り返し，多数の研究グループが支持できる共通戦略を構築するとともに，それぞれの地域的多様性の維持・確保にもつながる独自の道筋の提示が必要である．

　世界の学術界との連携によるサステイナビリティ学の創生が求められるのは，まさにこの点においてである．創生期にあり，いまだ世界で限られた取組しか行われていないサステイナビリティ学において，もっともたしからしい世界共通の地球持続戦略を構築するためには，1つの地域の大学・研究機関や，それらの研究ネットワークだけでは不十分である．世界の大学・研究機関が連携して，総力をあげて，共通戦略を構築していく必要がある．同時に，それぞれの大学・研究機関は，それぞれの地域的多様性の維持・確保のあり方を検討する必要がある．

文　献

Clark, W. C. (2007) Sustainability science：A room of its own. Proc. Nat. Aca. Sci., USA, 104：1737-1738.

Clark, W. C. and Dickson, N. M. (2003) Sustainability science：The emerging research program. Proc. Natl. Acad. Sci. USA, 100：8059-8061.

Cohen, S., Demeritt, D., Robinson, J. and Rothman, D. (1998) Climate change and sustainable development：Towards dialogue. Glob. Environ. Change, 8：341-371.

ICSU (International Council for Science) (2002) Science and Technology for Sustainable Development. World Summit on Sustainable Development, Report 19.

IPCC WGII (2001) Climate Change 2001：Impacts, Adaptation and Vulnerability. Cambridge University Press, Cambridge.

Kates, R. W., Clark, W. C., Corell, R., Hall, J. M., Jaeger, C. C., Lowe, I., McCarthy, J. J., Schellnhuber, H. J., Bolin, B., Dickson, N. M., Faucheux, S., Gallopin, G. C., Grubler, A., Huntley, B., Jager, J., Jodha, N. S., Kasperson, R. E., Mabogunje, A., Matson, P., Mooney, H., Moore, B., O'Riordan, T. and Svedin, U. (2001) Environment and development：Sustainability science. Science, 292：641-642.

Komiyama, H., Yamaguchi, Y. and Noda, S.（2004）Structuring knowledge on nanomaterials processing. Chem. Eng. Sci., 59：5085-5090.

Komiyama, H. and Takeuchi, K.（2006）Sustainability science：Building a new discipline. Sustainability Science, 1：1-6.

Komiyama, H. and Kraines, S.（2008）Vision 2050：Road Map for a Sustainable Earth. Springer, Tokyo.

Krains, S. B., Wallace, D. R., Iwafune, Y., Yoshida, Y., Aramaki, T., Kato, K., Hanaki, K., Ishitani, H., Matsuo, T., Takahashi, H., Yamada, K., Yamaji, K., Yanagisawa, Y. and Komiyama, H.（2001）An integrated computational infrastructure for a virtual Tokyo：Concepts and examples. J. Ind. Ecol., 5：35-54.

McMichael, A. J., Campbell-Lendrum, D. H., Corvalan, C. F., Ebi, K. L., Githeko, A., Scheraga, J. D. and Woodward, A.（2003）Climate Change and Human Health：Risks and Responses. World Health Organization, Geneva.

Michelcic, J. R., Crittenden, J. C., Small, M. J., Shonnard, D. R., Hokanson, D. R., Zhang, Q., Chen, H., Sorby, S. A., James, V. U., Sutherland, J. W. and Schnoor, J. L.（2003）Sustainability science and engineering：The emergence of a new metadiscipline. Environ. Sci. Technol., 37：5314-5324.

Nicholls, R. J.（2004）Coastal flooding and wetland loss in the 21st century：Changes under SRES climate and socio-economic scenarios. Global Environ. Change, 14：69-86.

Sotherton, D., Chappells, H. and Van Vliet, B. eds.（2004）Sustainable Consumption：The Implications of Changing Infrastructures of Provision. Edward Elgar Publishing, Cheltenham.

Swart, R. J., Raskin, P. and Robinson, J.（2004）The problem of the future：Sustainability science and scenario analysis. Global Environ. Change, 14：137-146.

UN Millennium Project（2005）Investing in Development：A Practical Plan to Achieve the Millennium Development Goals（overview）.

World Commission on Environment and Development（WCED）（1987）Our Common Future. Oxford University Press, Oxford.

花木啓祐（2003）東京の戦略を打ち出すTHP．Tokyo Half Project シンポジウム―東京からのCO$_2$排出の半減を求めて．東京大学．

小宮山宏（1999）地球持続の技術．岩波書店．

小宮山宏（2004）知識の構造化．オープンナレッジ．

小宮山宏・武内和彦（2009）IR3S によるサステイナビリティ学の創生とグローバル・メタネットワークの形成．エネルギー・資源，30（2）：24-28.

西岡秀三（編）（2009）日本低炭素社会のシナリオ．日刊工業新聞社．

武内和彦（2007）地球持続学のすすめ．岩波書店．

武内和彦（2009）バイオエネルギー利用を展望する．環境情報科学，38（3）：1.

第2章
サステイナビリティ学の概念
―フレームワークをつくる

吉川弘之

2.1 サステイナビリティ学の必要性

　サステイナビリティ学（sustainability science；吉川, 2006）という新しい学問分野を，いまなぜ私たちは切り拓こうとしているのだろうか．

　私自身が持続可能性（サステイナビリティ）に関心をもつようになったのは1960年代の末である．当時は持続可能性という言葉で問題をとらえていたわけではない．人間がつくりだした人工物（artifact）が自然に適合するものかどうかという問題が浮かび上がり始めていた．私は，自然に適合する人工物をつくれるようになるには，どのような知的体系があればよいかを考え，「一般設計学」を提唱し（吉川, 1979），人間が人工物をつくる行為の本質の解明を通じて自然との適合を考えようとした．いま振り返ってみると，それは，人間行動の持続可能性に関する理論を模索していたことになる．

　人工物については後ほど検討することにし，まず適応（adaptation）を糸口として本章を始める．

　人間が環境に適応するという課題は自らの行動原理にかかわることであり，それをどのような学問的立場で考えるべきなのか，私たちはまだ答えをもっていない．いっぽう，動物や植物の適応に関しては，進化論がそれを研究対象としている．生物は基本的に，①形態を変えること（change traits），②生息地を変えること（change habitat），の2つによって環境の変化に適応し，進化してきたとされる．

　人間の場合，短期的にみれば，自身の形態を変えて環境の変化に適応していくことは考えにくい．その代わり，社会の習慣を変えたり，自然環境を利用する制度を変えたりすることで適応しようとする．これを社会的適応（so-

表2.1　人類の適応.

社会的適応：習性を変える
消費傾向変化
生態系利用変化
持続思想の普及
持続的生活の訓練
医療制度充実
排出権取引
……
物理的適応：環境を変える
災害軽減技術
人工生態系創出
逆製造確立
省エネルギー開発
再生エネルギー開発
資源循環技術
……

cial adaptation）とよぶことにする．生息地を変えることは，人間の場合にも可能ではあるが，現実には困難がつきまとう．人間が移動するよりも，技術によって自然を改変したり，自然の利用の仕方を変えて適応しようとする．これを物理的適応（physical adaptation）とよぶ．人間にこのような2つの適応があると考えるのは，必ずしも学問的に正しくないかもしれないが，問題を整理するための私の提案である．

　表2.1は，現在私たちが直面している地球温暖化をはじめとする人類の持続可能性を脅かしている問題に対して，社会的適応と物理的適応のそれぞれで課題になっている事柄を例示したものである．

　私は工学者であるので，とくに物理的適応について考えを深めてきた．物理的適応は人類の可能性を著しく拡大したし，今後も重要であることは論を俟たない．しかしその一方で，私たちは自然を改変し利用するには慎重でなければならないことも学んできた．自然を改変し利用することには許された範囲があり，使える技術があったとしても使ってはいけない場合もあることを知らなければならない．この認識のもとでのみ，技術をつくりだしていく基本的な動機の構成が私たちに許されているのであり，同時に予想される結

果を見通すことが求められているのである.

　技術を生みだす学問は一般に「工学」とよばれ，現代の工学は科学にもとづいている．表2.1は人類の持続可能性を脅かしている諸問題に対応するために考えだされ，あるいはこれから考えなければならないことを列挙したものである．この表は，より広く持続可能性のための工学を生みだすことが求められている課題群であると考えてよい．そのような工学は，「地球上における人類の持続可能性を実現すべく新たなイノベーションを生みだそうとしている人々にとって，その行動のために有用な原理を確立するもの」と定義できるだろう．持続可能性を考えるとき，物質，社会，人間にかかわるさまざまな学問分野の概念や用語で記述される多様な要素が，その対象に含まれることになる．そこに現れる要素概念は，それ自身まだ十分に理解されていないこともあるし，相互の関係は多くの場合わかっていない．したがって，持続可能性のための工学は，既存の科学の応用として存在するようなものではなく，また，既存の工学を組み合わせればすむようなものでもない．それは，もとづくべき知識をこれまでの科学の分野にただちには見出せない，新たな工学の領域なのである．

　この問題を逆からみれば，持続可能性のための工学を成り立たせるには，科学を新しくしていくことが要求されることになる．したがって，この新たな工学の領域とは，現在私たちがもっている科学的な知識を単純に拡大していくことで達成できるものなのか，それとも質のちがう知識をもちこまなければならないのか，大きくいえば，人類がいまもっている科学を特徴づける体系を変えることなしに知識を増やすだけで，その領域の創出が十分できるのかどうか，という問題が浮上してくる．

　科学は，何百年，何千年をかけてつくってきた人類の貴重な遺産である．もともとそのような意図があったかどうかは別として，現在の科学は新しい人工物をつくるため，地球を改変して快適な環境にするために有効に用いられてきたという歴史がある．その意味では開発のための科学，すなわち開発性科学（development science）という面をもっていると考えてよい．科学は開発（development）に非常に役立つものであったのである．しかし，人類が直面している新たな適応の課題に対して，開発性科学だけでは不十分で，それが原因となって今日のさまざまな問題が生じてきたと考えざるをえない．

以上の考察から，従来の開発性科学とは異なる新しい科学を創成していくことが迫られているのは明らかである．それがサステイナビリティ学（持続性科学）と名づけられるものである．

2.2 サステイナビリティ学の輪郭

持続可能性を実現するために行われている行動を考えてみよう．いくつかの代表的行動を選び，図2.1のように問題の広がりと行動の主体の階層性とでつくる平面上に選ばれた行動を図示する．そうすると，行動群は平面全体に広がり，現在の科学の分類における特定の分野が持続性問題に対してとくに重要であるとはいえないことが，ただちにわかる．

具体的にみていくと，グラフの右上隅に「平和とガバナンス」がおかれている．戦争が起こると持続可能性が完全になくなるから，これが重要な要素であることはいうまでもない．問題の規模はグローバルであり，主体となる階層は，国家であり，国民であり，国連である．関連する学問は，政治学，経済学であるが，場合によっては科学技術も必要となる．左上隅には，問題の規模はローカルで小さいが，主体の社会階層性は高いものとして，人間の

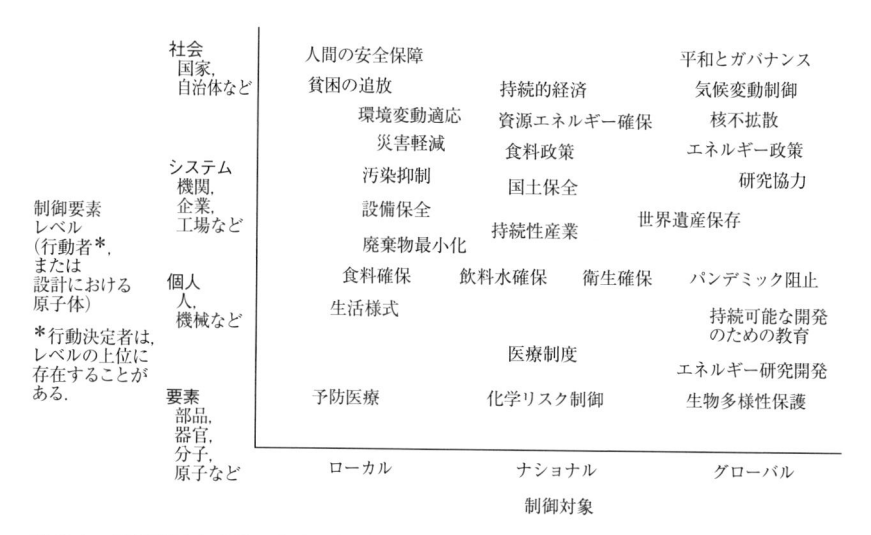

図2.1 持続型社会実現のために必要な，さまざまな行動（現代の邪悪なるものとの戦い）．

表2.2 行動の根拠—現在の科学と持続性科学，相補的な知識．

	現 代 科 学	持続性科学	相 違 点
目的	すべてを理解し個々を制御する	すべてを理解し関係を制御する	個別/全体
研究対象	宇宙に存在するものすべて	地球上の個々のもの	抽象/具体
観察物	不変な存在物*	ゆっくりとした変化	存在/変化
検証	実験室での実験	現実世界の進化	確実/不確実
研究成果	理解のための知識	行動のための知識	分析/構成
期待される効果	人類の繁栄	地球持続性	繁栄/持続

＊変化は存在の性質にもとづいて推測できる．

安全性や貧困の解消がおかれている．関連する学問は，政治学，社会学，経済学，教育学，そしてもちろん科学技術がある．左下隅には，問題の規模は1人の命，主体の階層としては操作する対象が遺伝子のレベルにおよぶ予防医療がおかれている．学問は医学である．右下隅にある生物多様性に関連する学問は生物学，生態学が主役であるが，多様性を維持しようとすれば社会科学が関係してくることになる．

持続可能性の要素はこのように多様であり，学問分野は多岐にわたる．したがって，持続可能性のための科学は，当然のことながらこれらを包含するものでなければならない．このことからも，サステイナビリティ学が伝統的な科学とはかなり異なっていることがわかる．

本節では，伝統的な科学とサステイナビリティ学を対比させながら，サステイナビリティ学の輪郭を描くことを試みる（表2.2）．

2.2.1 現在の科学の特質

科学的知識は，まだ知られていない事実，あるいは説明できない事実に遭遇したときに，それを知ろうとする，あるいは説明しようとする知的好奇心に導かれて生みだされる．新たに得られた知識が，過去の知識体系のなかに矛盾なく受け入れられた場合に，新しい科学的知識として認められる．多くの科学者によるこのような知識の創出の歴史的集成が科学的な知識体系をつくってきた．

科学者の知的好奇心は自由に発露されるべきであると考えられている．な

にかによって強制されたときにはよい研究成果が生まれないことは，歴史的な経験によって明らかである．ただし，科学者の知的好奇心がなにものからも自由かというとそうではないことに気づかなければならない．科学者の好奇心は，時代の精神が少なからず反映したものになっている．

時代の精神とは，狭い範囲で考えればその科学者が属する学問領域のそのときの状況である．ある領域が研究によって特定の方向に進展しているときは，その領域の研究者の好奇心はそちらに向かっていく．より広くみても，時代の状況から科学者の知的好奇心が独立しているとは考えにくく，むしろ，時代において重要であると共通に認識されている課題を解こうとしているととらえたほうがよい．

時代の精神，あるいはその時代に共通な関心がもたれている課題が，科学者の関心を刺激し，そこから一見その課題とは関係のない一般的，中立的な学問的知識が生まれてきた例は多くある．

たとえば古代において，横暴な支配者に対抗して生き残るために圧政者の発言に含まれる矛盾を衝く方法が求められ，それが発展して論理学となった．あるいは，病気を克服して生きるために植物の薬効を求めて探索した結果，植物分類学が生まれた．そのころの人類は，人類を襲う，いわば「邪悪なるもの」に対抗して生き残ることに最大の関心があった．したがって時代の精神とは，人類が種として生き残るために有効な知識を獲得する思想や行為を是とする態度を基本的な背景としてもっていたといえるであろう．

そしてこれらの，「邪悪なるもの」への対抗を通じて体系知識を生みだすという様式は近代に至るまで続く．たとえば，食料確保のために農学を，伝染病への対抗のために微生物学を，洪水への対抗のために治水学を，嵐に対して気象学を，地震に対して地震学を生んだ．しかしそれぞれの「邪悪なるもの」がばらばらであるために，それぞれは異なる学問領域として成立していった．

このようにして学問領域がひとたび生まれると，知識はそれが同一の領域内のものである限り相互に矛盾なく存在するようになる．また，それぞれの学問領域は自律的に新しい知識をつぎつぎに増殖させて，領域内の知識を豊富にしていく．そこに活躍するのが領域型の科学者である．このようにして人類が生き残るために科学が発展し，知識が豊富になっていった．これは生

存性科学（survival science）とよべるものである．

　これらの知識を基礎として人類は力を増大していき，「邪悪なるもの」に受身で対抗するだけでなく，新しい世界を開拓する能力を身につけていった．大航海時代と象徴的によばれるように，人類の行動範囲は拡大し，あらゆるものを探検することが新たな時代の精神となった．

　より遠くへ行こうとして造船技術を発展させた精神と，より遠くを見ようとして望遠鏡の能力を高めた精神とは同じものと考えてよいだろう．より遠くという欲求は微小空間にも向けられ，より小さいものを見ようと顕微鏡の能力を高めていった．その結果，世界や宇宙，そして物質に関する知識を広げ，異郷の資源を利用し，物質の潜在的な機能を発掘して，人類の利用に供することが可能になった．

　その結果，しだいに人類は地球上で少なくとも見かけ上の勝者となり，生き延びることを超えて豊かさを獲得していく．おそらく19世紀の産業革命以後，領域科学の急速な発展とともに，知識を使って行動力を増し，行動がまた知識を強化するという相乗作用もあって，知識量を増やしていった．このような歴史を経て樹立した体系的知識は，開発のための科学というのがふさわしい．それをここでは開発性科学（development science）とよぶ．

　私たちがいま手にしている体系的な科学知識は一見中立であり，特別の目的をもってないようにみえる．事実，科学とは価値自由な存在で，使い方によってのみ固有の価値を生むといわれたりする．しかし，科学的知識の多くはその領域の発生をみる限り，独自の価値を求めて生まれてきたといわざるをえない．それらは，生き延びるために力をもつこと，すなわち安全で豊かな空間という価値の拡大を求めて生まれてきたのである．

　開発性科学の特質は，数多くの領域をもち，各領域内は矛盾のない閉じた知識群で構成されていることである．基本的に異なる領域は相互に独立している．産業革命と相前後して出てきた近代の科学には物理学，化学，生物学などがあり，19世紀に入って工学ができ，機械学，電気学，材料学，造船学，原子力学，自動車学等々，つぎつぎに分化した．それぞれの領域は相互に矛盾することを避けるけれども，共通性のない概念についてはとりあえず不問に付す約束である．そしてそれら分化した領域内で，それぞれに整合性をもった知識が拡大していったのである．

開発性科学は人類の大発明で，これによって人類は膨大な知識を獲得できた．かつてギリシア時代のころには，1人の偉人がすべての世界を理解しようとして生みだした知識が1つの体系的知識であったが，開発性科学の時代を迎えて学問が細分化されることにより，1人ひとりは知識生産の作業者として狭い対象を深く追求していけば，それらが集積されて巨大な体系が生まれるようになったのである．

以上，やや単純化して述べたような歴史をもつ現在の科学と，これから生みだされるべきサステイナビリティ学は，どのような点が異なっているのか，以下に順に検討していくことにする．

2.2.2 2つの科学の目的

現在の科学の目的は，すべての対象を1つひとつ理解することにある．しかも理解の結果として，それに対処し，それを利用し，また手を加えて変化させられることが条件である．

現在の科学は，対象を個々にばらばらに分けてみるために，さまざまな領域に分かれている．このことは現在の大学教育に端的に表れている．ある大学では，工学の専攻が20以上もあり，何十人もの教授がそれぞれ異なる研究をし，分化した学問の1つひとつが非常に高い完成度を求めて発展している．研究者の考え方は領域別に縦割りになり，異なる領域の研究者間の「友情」を失わせている．

卑近な例を出せば，しばらく前に私は足が痛くなって病院の整形外科を受診した．さまざまな検査をした結果，骨は折れていないし，悪いところはないので病気ではないといわれた．しかし痛みは治らないので，もしかしたらこれは痛風かもしれないと気づいて内科を受診したらすぐに診断がついた．医学でも同一の人間を内科と外科で別の視点でみていて，ほんとうの意味での人間の診察ができていなかったのである．

工学では，機械工学者は自動車をつくり，電気工学者は電話をつくり，建築家は家をつくり，土木工学者はダムをつくってきた．いずれもがすばらしい技術を生み，さまざまに有用な人工物をつくってきた．ところが，その人工物が現実の世界に出ていき，人工物どうしが出会ったときになにが起こるのか，あるいは，人工物があふれたときに地球全体でなにが起こるのかとい

ったことは考えられてこなかった．

　単純な例をあげれば，携帯電話は非常に便利であるが，携帯電話で話しながら自動車を運転すると警察に捕まる．自動車と携帯電話は共存できるようになっていない．機械工学と電気工学が分かれているために自動車と電話を一緒に考える技術者がいないからである．家と自動車，ダムと家も整合的ではない．私たちは，学問の縦割りのためにこのようなことが数多く生じ，整合性のない人工物世界をつくってきたといわざるをえない．

　現代の科学は多くの領域をつくり，領域内での整合性を保ちながら，その領域の知識を増加していった．そしてそのうえで，それを根拠とする領域固有の行動能力を拡大していったのである．すでにみたように，領域の発生が特定の行動にかかわって起きたことを考えれば，その領域知識の使用によって拡大する行動能力がかつて対象となった行動と重なることは容易に考えられることである．

　このようなほかへの影響を考慮しない行動が領域知識に助けられ強化され，ばらばらにつくられた人工物による人工環境が形成され，その形成に利用された自然環境も含めて環境の劣化をもたらすこととなった．しかも開発をよしとする時代の精神はそれを察知するのを遅らせ，環境の劣化を食い止めたり回復したりするのが非常に困難という状況を招いてしまった．地球温暖化，環境劣化，資源の枯渇，人口爆発と貧困といった新たな現代の「邪悪なるもの」が生じたのは，以上に述べたような過程で生じた知識がばらばらである状態に起因しているといえる．

　過去の「邪悪なるもの」と同じように，現代の「邪悪なるもの」に対しても特別の知恵をつくりだし働かせていけばよいかというと，そうはいかない．現代の「邪悪なるもの」は，病原菌や猛獣や災害といった外から攻撃をかけてくる個別の敵ではなく，人間が善意をもってなしとげた行為のなかに，あるいはすでに意識のなかに潜んでいて，それが人間の知らないところで成長し，あるとき突然人間に襲いかかってくるようなものだからである．いいかえれば，自分のしたことが自分にもどってくる再帰的（recursive）なものであって，その点が過去の邪悪なるものと本質的にちがっていて，問題を非常にむずかしくしている．ここにサステイナビリティ学を提起しなければならない根本的な理由がある．

サステイナビリティ学の目的は，現在の科学と同じようにすべてを理解するための知識を得ることを前提としているが，得られた知識の使用が知識間の関係を理解した場合にのみ許されるという点が現在の科学的知識と異なる．したがって，開発性科学とサステイナビリティ学の相違点は，個別理解と全体理解にある．後者では領域ごとに独立な知識を量的に拡大していくと同時に領域を超えて知識を俯瞰し，知識間の関係を知ることによって領域の質的な変化を求めるのである．

2.2.3　2つの科学の対象

現在の科学は，宇宙に存在するすべてを対象として，そこに一般的な法則を見出そうとしてきた．現在の科学の創始者として輝かしい成功をおさめたニュートンは，地球上でも宇宙でも，どこにでも存在するすべての物体に対して成り立つ法則を論じたのであった．現在の科学では，得られた知識を，宇宙のどこでも成立する普遍法則へと抽象化していくほど高度な知識であると評価される．

サステイナビリティ学が対象とするのは私たち人類の問題である．地球上にあるもの，ときには非常にローカルにしか存在しないものが対象となる．ここにある1本の植物が対象となるとき，植物一般に通じる法則が基礎としては重要であるが，それがその植物に対応するときにもっとも重要な知識になるとは限らない．普遍法則へと抽象化していくよりも，現実化，具体化すればするほど研究が進展した，とサステイナビリティ学では考えるようになるだろう．

現在の科学が成立する以前は，ローカルな現実的・具体的な知識がそれぞれの土地に存在していた．伝統的知識あるいは土着的知識（indigenous knowledge）である（ICSU総会，1999）．土着的知識とは，①ある事実が存在する，②その事実をどのように使うか，③使った結果が人間にどのような意味をもつのか，という3つを組にしたものだった（図2.2）．

たとえば，①ある季節になるとある場所に生える草があり，それがいつどのような実を結ぶかという事実，②その実を乾かして煎じて飲むという使い方，③その結果，おなかに効いて回復し再び日常活動ができるようになる，という意味．この一連の組になったものを人は「知識」と考えていたはずで

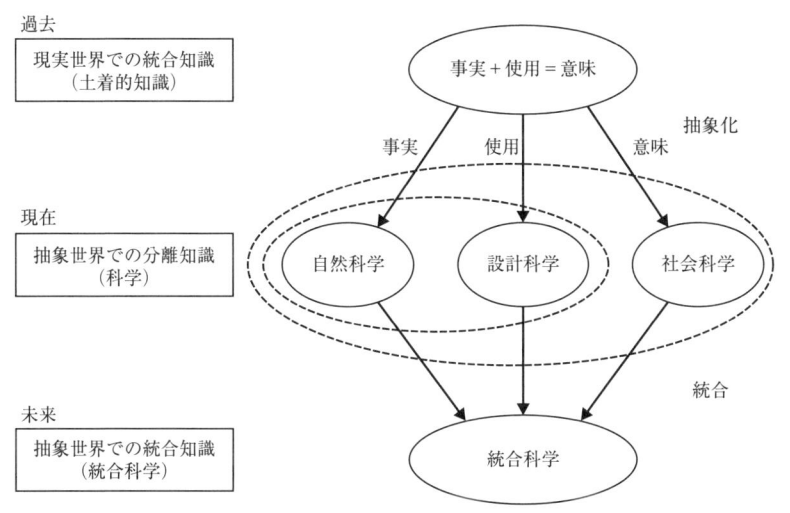

2.2 サステイナビリティ学の輪郭

過去
現実世界での統合知識
（土着的知識）

現在
抽象世界での分離知識
（科学）

未来
抽象世界での統合知識
（統合科学）

事実＋使用＝意味

事実　使用　意味　抽象化

自然科学　設計科学　社会科学

統合

統合科学

サステイナビリティ学（持続性科学）は統合科学の1つである

図2.2　抽象世界での知識統合．

ある．

　現代の科学的知識（scientific knowledge）はそのような組になっていない．植物がどのような場所に生えてくるのか，いつ実を結ぶのかは植物学の知識である．植物からどのような成分をどのように抽出できるかは化学の知識である．そしてその効果がその人の社会的状態にどのような影響をおよぼすかは，薬学や医学，さらに生活についての知識である．昔の人が1つの組としてもっていた知識は，別々の分野に分かれて別の人がもつようになっている．知識は別々の分野に分かれ，しかも分野ごとに知識の抽象化が進んだ．18世紀以降に科学が急速に進歩したのは，従来の土着的知識のあり方にこだわらずに，知識を分化させ，発展させたからである．

　では，サステイナビリティ学の知識はどのようになるのだろうか．土着的知識の3つの組はそれが現在の知識になる過程で，理学的な知識，工学的な知識，社会科学的な知識に分けられてしまったのである．それを統合化することがサステイナビリティ学に求められるだろう．分化した学問は分野の異なる研究者どうしの「友情」を失わせたと述べた．その状況は，研究者どうしが実際に仲が悪いことが原因なのではなく，対話をするための共通の言葉

がないのである．理学，工学，社会科学を統合化していく学問的な努力はいろいろなされてはいるが，私自身の経験を含めて，なかなか成功していない．分化した学の理論的統合はサステイナビリティ学にとって非常にむずかしい課題であるが，私は，それを求める研究を行うと同時に，実際に統合した効果が得られる現実的方法をも開発しなければならないと考える．

2.2.4　2つの科学における観測

現在の科学において観測してきた対象は，おもに安定的に存在するものである．変化していないものが重要であって，変化は変化しないものから計算で求めることができるというのが基本的な立場である．

ギリシアの哲学者デモクリトスは，自然はつぶつぶ，アトムから成り立っていると主張した．現在の科学が大成功したのは，この思想に忠実にしたがって観測する対象を小さいつぶつぶへと分けていったことにある．細かく分けていって，ついに変化せずに存在するものに到達し，それを存在の基本と位置づける．それを観測するという戦略で，固体物理学や素粒子物理学あるいはDNAを基本とする現代の生物学が大成功をおさめたといってよいであろう．

ギリシア哲学にはもう1つの重要な視点があった．ヘラクレイトスの「万物は流転する」という主張である．6500万年前に恐竜の尾にあった原子が，地球上を経巡って，いま私の鼻に存在しているかもしれない．この大きな流転の思想について，現代の科学はあまり考えてこなかった．

私たちの知識は，安定的に存在する物質については深められてきたのに，変化し流転することについての知識は，存在物に固有の局所的な実験によって確認できる変化にとどまっていて，長期にわたる巨視的な変化についてはきわめて乏しい段階にある．地球の生成，地形の形成，気候変動，地球上の物質移動，生物種の誕生・進化・絶滅，生物の多様性など，サステイナビリティ学にとって重要になると考えられている科学の分野は，万物流転の視点に立つことが求められる．

しかし，これに関しては人類が必要としている知識よりもまだかなり低い水準にしか達していない．古代には均等に関心がもたれた原子と流転のうち，流転を忘れて原子についての大きな知識体系をつくってきた現代の科学知識

には異様な不均衡があるといわざるをえない．環境問題が大きくもちあがってサステイナビリティ学が必要になった背景には，学問のこのようなアンバランスがあることはまちがいない．

顕微鏡に代表されるミクロな視点は2次元的に観測の対象を拡大し，つぶつぶに分けていく現在の科学の大成功をもたらした．遠いところを見る望遠鏡がさらに3次元的に拡大し，宇宙の基本法則の発見を導いた．

しかし万物流転の視点を科学として精緻化していくためには，顕微鏡と望遠鏡だけでは足りない．時間軸も入れた4次元まで拡大する第3のレンズ，すなわち4次元レンズが必要である．たとえば，気候変動が100年後にどのようになるのかを見るためのレンズである．現在のところ高速計算でシミュレーションするコンピュータがこの4次元レンズに相当するだろう．4次元レンズが科学全般で使われるようになることが，現代の科学の限界点を突破してサステイナビリティ学を生みだす1つの条件であると考えられる．

2.2.5　2つの科学における検証

現在の科学における理論は，実験室で純粋な条件をつくって検証される．実験で理論的予想が実現すれば理論はたしかに正しいということになる．ところでサステイナビリティ学で問題となるのは，現実の世界における持続可能性であって，純粋な条件を設定して実験室で実験するのは不可能だということである．本質的に現実の世界でやってみる以外に，理論が正しいとたしかにいうことはできないと思われる．

したがって，サステイナビリティ学における理論の検証は，現実世界での時間的変化の観察を必要とする．その場合，少し試しては結果をみて，その結果にもとづき，つぎにまた試して結果をみるという試行錯誤（try and error）の積み重ねにならざるをえない．

これは，カール・ポパーのいう漸次的社会技術（piecemeal social engineering）に相当するものかもしれない．ポパーは，社会全体の改造を一気にめざそうとするマルクス主義を批判し，小さいさまざまな調整によって社会を改良していくことを考えた（Popper, 1957）．小さな調整を試みて，予期された結果と達成された結果を綿密に比較し，つぎにまた小さな調整をして，1歩また1歩と進む．取り返しのつかない失敗を避けるためには十分小さな試

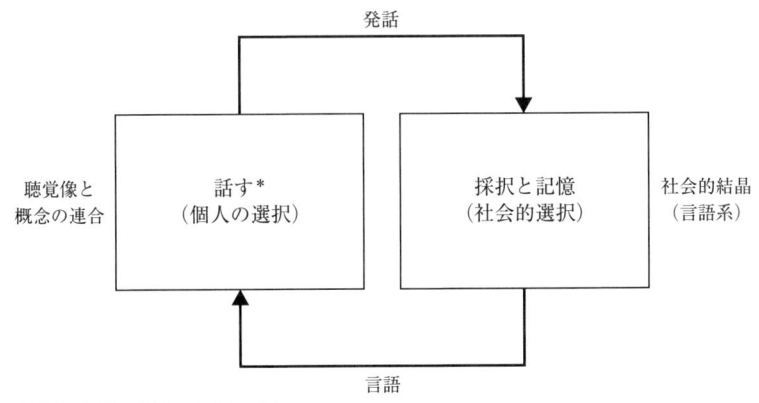

```
                    発話
         ┌─────────────────────┐
         ↓                     │
聴覚像と  ┌──────────┐   ┌──────────┐  社会的結晶
概念の連合 │  話す*    │   │ 採択と記憶 │  （言語系）
         │（個人の選択）│   │（社会的選択）│
         └──────────┘   └──────────┘
         │                     ↑
         └─────────────────────┘
                    言語
```

*話す：聞き，考え，そして話す

図 2.3 情報循環による言語の進化（de Saussure, 1949 より作成）．

行しか許されない．

　このような，試しては結果をみるというかたちで進歩してきたものに言語がある．言語はだれかが全体を設計し，さあ使いなさいと人類に提供したものではない．自然に発生し，少しずつ改良されてできてきたもので，改良はいつまでも続いて変化は止まらない．

　図 2.3 にソシュールの言語の進化の考え方（de Saussure, 1949）を図で示した．彼は進化がこのようなループをもつシステムであることを示した．話者がなにかの話をしようとして言葉を発する．それが相手に理解されなければ捨てられる．理解されれば記憶される．理解の記憶が一般的・社会的に蓄えられていったものが言語になり，話者はそれを使って話をする．自己にもどってくる再帰的なループをまわることで言語は進化してきたと考えられる．再帰的なループをもつシステムは非常に強固である．言語は少しずつ変わりつつ改良され，だれかが変えようと意図しても変えられない強固な存在である．

　試行錯誤，あるいは漸次的技術として少しずつ変わっていくサステイナビリティ学にも，このような再帰的なループが必要だろう．先に，現代における「邪悪なるもの」が再起的な構造をもっていることを思いあわせれば，再帰的であることはサステイナビリティ学の本質といえるのかもしれない．言語と同様に，だれか偉大な人がサステイナビリティ学とはこういうものだと

いってできるものではなく，非常に幅広い少しずつの努力と小さな検証の積み重ねでできていくものであろう．その意味で学の成立だけでなく持続性の実現は，後述するように，人間を含む社会と自然とが進化の構造をもつループを構成することが必要であると考えられる．

2.2.6　2つの科学の成果

現在の科学の成果として重視されるのは，現実を理解するための知識である．サステイナビリティ学の成果として重視されるのは，現実を変えていく行動のための知識になるだろう．現実から法則を求めるのが現在の科学であり，法則をもとにして現実をつくっていくのがサステイナビリティ学である．2つの科学はいわば行きと帰りの関係にある．

ここに大きな問題が浮かび上がってくる．私たちは，現実から法則を求める方法を長い科学の歴史を通じて築き上げてきたし，その方法は広く合意されている．しかし，現実をつくる方法は実際に広く行われているにもかかわらず，じつは方法はよくわかっていない．人々の間で合意された方法はなにもないといわなければならない．

人間には，分析（analysis）する思考能力と，構成（synthesis）する思考能力がある．現在の科学は対象の分析がおもな目的であり，事実多くの分析を行ってきた．論理学では，科学の主要部分は演繹（deduction）と帰納（induction）という構造からできている．演繹は，ある前提に対して正しい論理を展開していく．たとえばニュートンの力学は，万有引力と3法則から，目の前のリンゴが落ちるのも天体が運動するのも同じように演繹的に説明できることを示した．帰納は数多くの現象を比較して法則性を見出していく．

いっぽう，人間には，道具をつくる，建築物を設計する，小説を書くなど，新たなものを構成する能力がある．構成の論理はなにであるのか．それを一生かけて調べた人がいる．チャールス・サンダース・パースというアメリカの物理学出身の科学哲学者である．彼は，仮説的推論＝アブダクション（abduction）がそこに働いていることを指摘した（Peirce, 1931）．

アブダクションとはどのようなものか．簡単で日常的な例をあげると，リンゴはおいしいという前提があって，リンゴが示されたときに，これはおいしいはずだと答えるのが演繹である．それに対して，なにかおいしいものが

あるといわれたときに，それはリンゴであると考えるのがアブダクションである．おいしいものはリンゴでなくてもよいので，それはまちがった結果を出すこともある．だからアブダクションは論理学的にいっていつも正しい答えを出す推論とはいえない．

パースは，新しい知識を生産するのはアブダクションであると主張し，多くのメモを残した．パースはアブダクションという推論が存在することを明らかにし，さらにその推論における重要性を明確にしたが，その仕組みを完全に解明したわけではなかった．

サステイナビリティ学は持続的な現実をつくることが目的であり，分析を中心とする現在の科学とはその点で本質的なちがいがある．分析か構成か，それは現在の科学とサステイナビリティ学とを分けるもっとも重要な切り口である．構成について私たちはまだわずかしか知っておらず，その進展とサステイナビリティ学の進歩が並列的に進むことが重要であると考えられる．

2.2.7 2つの科学に期待される実際的な成果

現在の科学は人類に繁栄をもたらしたが，サステイナビリティ学は地球に持続可能性をもたらすことが期待されている．

現在の科学は社会に大きな貢献をしたのであるが，貢献が科学の目的であったわけではない．分化した個別の分野をつくり知識生産の効率を上げて知識の蓄積の増大を目的としていたのであり，それを使って社会に価値を生みだすのは社会の側の仕事とされていたのであった．

いっぽう，サステイナビリティ学では，研究が進展すればよいのでも，知識が増えればよいのでも，個別的課題に役に立つ考え方が得られればよいのでもない．これらのどれかを満たせばよいのではなく，それらを含んで社会のなかに研究成果を同化させ，現実社会に持続可能性を実現することがその使命であり目的であると考えなければならない．

学問の成果が社会のなかに取り込まれていく過程を社会技術（social technology）とよぶ．社会技術はサステイナビリティ学の重要な一部を占めているが，その成功例は断片的であり，社会技術の体系をつくる道のりは長いと思われるが，その完成をめざした研究がサステイナビリティ学と並行して進められることが期待される．

以上の考察から，サステイナビリティ学の特徴は以下のようにまとめられる．

① サステイナビリティ学には再帰的なループが含まれる．
② サステイナビリティ学の諸問題は統合化された知識によって記述される．
③ サステイナビリティ学における観測手段として4次元レンズが必要である．
④ サステイナビリティ学は試行錯誤を通じて漸次的に実現される．
⑤ サステイナビリティ学のなかで作動する主要な論理はアブダクションである．
⑥ サステイナビリティ学の目的は，量的拡大ではなくて，質的な改善である．

2.3 サステイナビリティ学の方法

前節で考察したような特徴をもつサステイナビリティ学をどのようにつくっていけばよいのか，私の計画を述べる．

2.3.1 進化の仕組みを埋め込む

本章の考察は適応から始めた．生物が環境の変化に適応し地球上に生存し続けてきたのは，生物が進化の仕組みを獲得したからであるというのが基本的な考え方である．

生物の進化には，図2.4に示すような再帰的構造が内蔵されている．それは物質循環と情報循環の2つの循環であり，それが同時に発現していることが本質的な特徴である．物質循環によって持続性が保たれるが，それだけでは定常的であるだけで進化が生じない．情報循環があることで進化の可能性が生まれる．図2.3に示したように言語は再帰的な構造をもち，物質循環をともなわないが情報循環があるから進化してきたのであるが，物質系としての生物は，物質循環という持続可能性のための条件を満たすと同時に遺伝子による世代間の情報循環によって進化性を獲得しているのである．

人類が持続的自然のなかに矛盾なく組み込まれるために，進化と同じ仕組

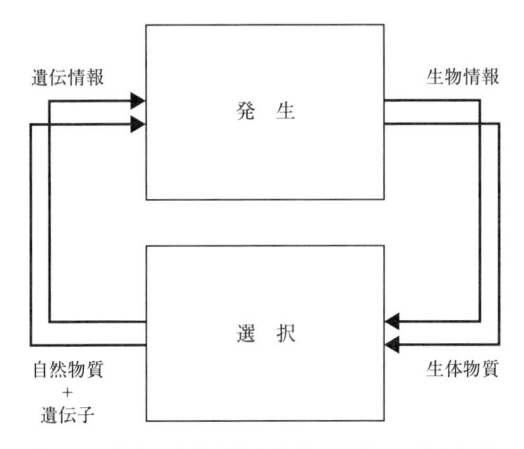

図 2.4 生物の持続可能な進化．自然における物質循環と情報循環の同時発現．持続的進化の必要条件：物質循環による持続性と情報循環による進化可能性．

みを私たちの知的社会にもちこもうというのが私の第 1 の提案である．

　地球温暖化問題を対象としよう．地球温暖化問題に取り組むとき，私たちは最初に地球の状態を観測する．観測したデータから地球気温が上昇しているとわかれば，科学者は社会に向かって警告を発する．海面が上昇して損害が生じていれば，工学者はそれをどのように防いだらよいのかを社会に提案をする．警告や提案を受けた社会にはさまざまな活動主体（アクター）がいて，それぞれが自分に与えられた使命にしたがって行動し，その結果，社会や自然になんらかの効果をもたらす．アクターたちの行動の集積結果として地球の状態に変化がもたらされることになる．その変化を再び科学者が観測し，その結果にもとづいて新しい警告を発する．こうして，図 2.5 のようなループが一巡する．このような構造を社会につくり，そのループのなかに科学者が入っていくことが第 1 の提案の内容である．

　地球の温暖化に関して 1950 年代から警告していた科学者がいた．しかしそれに耳を傾ける人が社会にいなかったために社会は動かなかった．この場合，図 2.5 の観察者が気候変動を観察し，その原因を分析する観察型科学者であり，構成者が温暖化防止の方法を提案する構成型科学者である．そしてそれが行動者につながらなければならないのであるが，このループが切れて

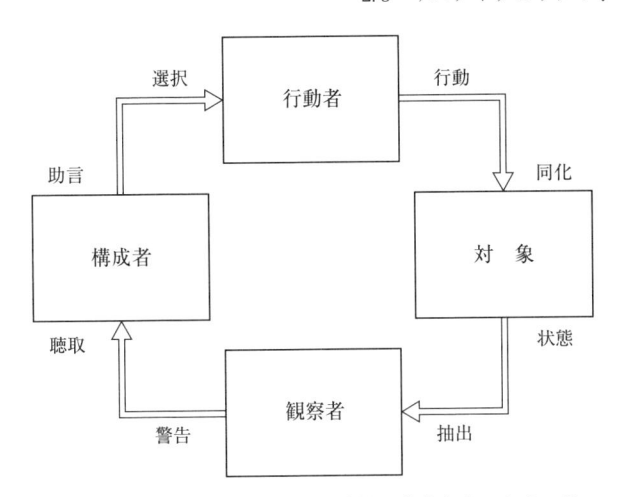

図2.5 知識の進化．ある対象が持続的進化をするための基本ループ．各ブロックは自治的な存在であり，自然と人間（個人，組織，社会）を含む．

いて，情報の流れがつながっていなかったのである．現在の科学者にはこのループ全体についての意識がなく，閉じた役割だけを果たしていたことがつながらなかった理由である．

　伝統的に気象学者は，二酸化炭素が増えると温度が上がるということを観測して結果を発表した．しかし科学者の関心はそこまでであって，その意味を把握し，将来なにが起こるかを予測し，対抗策を考案し，また実行することは科学者の関心の外にあったのである．いいかえれば，それは社会の仕事と考えたのであった．しかし1950年以後警告を発した科学者たちはその習慣を超えて社会に語りかけたのであるから，ループをつくることを初めて意図したことになる．そしてその警告は国連委員会で取り上げられることとなり，1992年の地球サミットで気候変動枠組条約が締約されることによって，科学者と社会の間に情報が流れる構造ができあがった．

　サステイナビリティ学をめざす科学者には，ループがつながるように図の中央から左側の部分をつくっていくことが求められる．観察型科学者は警告を発するとき，社会が耳を傾けるような，いいかえれば社会が使うことによって新しい意味をつくりだせる可能性を示唆する提言をしていかなければいけない．

提言を受けてそれを使い意味をつくりだす主体（アクター）には，政治家も，行政官も，技術者も，教師も，芸術家も，小説家も，ジャーナリストもいるだろう．グローバルな問題もあればローカルな問題もあり，国連のような国際的な組織もあれば，まちの普通の市民もいる．構成型科学者は，再生エネルギーをどうするのか，排出権取引という社会的制度をどうするのか，さまざまなデザインをアクターに向けて発信する．それらアクターの行動の結果として，社会が変わり，自然が変わり，その変化を再び観察型科学者が観測する．このような構造が持続性に向かう社会の進化にとって必要なのである．

このように再帰的なループをつくるには科学者の役割が重要である．実際に科学者がこのようなループをつくることに成功した1つの典型例が，気候変動に関する政府間パネル（IPCC）である．1950年に警告が発せられたにもかかわらず長い間耳を傾けなかった社会は，科学者がばらばらでなく「ひとつの声（unique voice）」を出すことに努力した結果，国連で取り上げられることに成功する．地球サミットは1992年であるから，その間40年の長い期間を要してしまったのであったが，この例は人類の歴史初めてといえる，情報循環の貴重な実績である

サステイナビリティ学では，知識にもとづいて提言をした結果として社会になにが起こるかという点について科学者が責任をもつ必要がある．知識が現実に作動するプロセスに対してだれが責任をもつのかという視点は現代の科学には欠落していた．このことは，開発性科学が持続可能性に関して失敗した原因の1つであると考えられる．

現在の科学の従事者は学問的興味から知識を増やしていく行為を営むのであるが，普通それは基礎研究とよばれ，正しい行為として社会的に認知されている．これは個人の行為である基礎研究としては認められるべきであるが，このような基礎研究の社会的集積だけではループはつながっていかない．社会的な責任，科学者コミュニティとしての責任を考えたときには，基礎研究にもう1つのタイプ，第二種基礎研究が必要であるというのが私の第2の提案である．つぎにそのことを検討しよう．

2.3.2 人工物のあり方を変える

私たちの周辺には，道具，機械，建築物など多くの人工物があふれている．人工物とは「自然には存在しなかったもの」で，私たちは自然環境のなかで生きていると同時に，人工物が構成する人工環境のなかで生きている．持続可能な環境をつくっていくためには，人工物についての考察が欠かせない．

(1) 人工物観の変遷

人工物は，自然資源を発掘し採取して得られる素材・材料からつくられる．発掘された鉱物は，自然にはそのままでは存在しなかったもので，そのときすでに人工物である．精錬，加工，組み立てなどの過程を経て，機械や装置などの人工物になる．自然物が人工物に変換されるときにも，人工物を使うときにも，自然は変化を受ける．人工物をソフトウェアやデータ，さらに法律や制度などに広げて考えても本質は変わらない．

さてここで，人間が人工物をどのようにとらえてきたのかを概略理解しておくことが必要である．自然観に対応するような意味での人工物観という言葉はないが，ここではそれを人工物観とよんで考えてみることにする（吉川，2007）．

図 2.6 に簡単な人工物観の推移を示している．まず古代の人工物は人類の

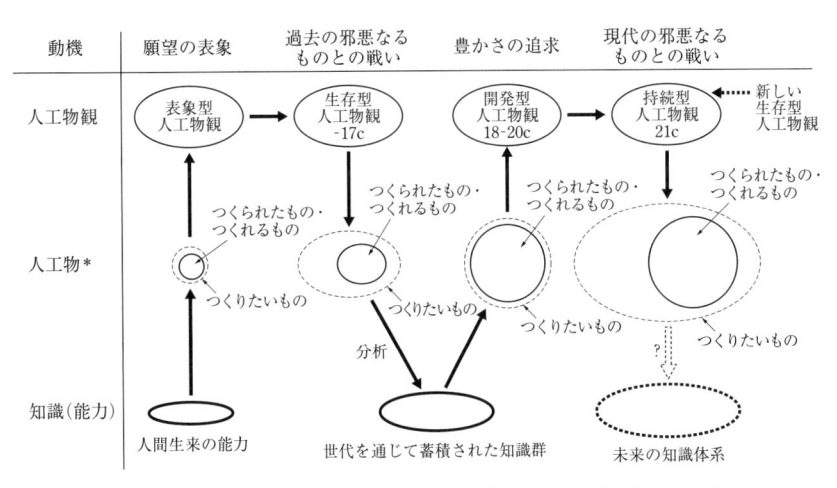

図 2.6 人工物観の先祖返り（atavism）．＊：人工物とは"もの"だけでなく，方式，様式，制度などを含む．

遺産として残された寺院や神殿，あるいは装飾品などをみればわかるように，宗教や権力と関係づけられた表象としての意味を強くもち，そのような人工物をつくることに人間の能力が集中的に向けられていたと理解できよう．ヨーロッパでいえばギリシア・ローマの時代まで，人工物を生産する技術は権力のもとに集約され，「表象のための人工物」の時代であった．

　中世には，権力とは関係のない人々の生活や安全のために，人工物は多様な発展をした．食料を獲得し，風雨をしのぎ，外敵から身を守り，災害を防ぐために不可欠なものとなった．時代の先端技術は「邪悪なるもの」と戦って安全な生活を得るために向けられ，「生存のための人工物」の時代だったといえる．

　近代では科学が登場し，それに依拠する技術が急速に進歩した．人力，畜力，水力に頼っていた動力が蒸気機関に変わる動力革命によって，生産効率が飛躍的に伸び，産業革命が進行した．いっぽう，動力によって技術の進歩が加速され，人間と技術の間の関係に質的な変化が生じることとなった．表象や生存のための人工物の時代には，その出現を構想し期待した人工物の実現には歴史的ともいえる長い時間がかかった．しかし，科学に依拠する技術が体系化し強化された結果，期待がすぐに実現されるばかりでなく，期待とは無関係に科学によって構成可能な人工物を生みだし人々に提供することにより，期待に先行して提供が行われるようになる．いいかえれば，生存にかかわるような深刻さを根拠とすることなく提供された人工物が利便性を基準として選択されるようになったのである．この「利便性のための人工物」の時代においては，人間の深刻で本質的な生存欲求の拡大速度よりも技術の進歩速度のほうが速く，技術が夢を生むようになっていった．

　それでは現代はどのような時代なのであろうか．過去に比べて格段に進歩した技術によって生みだされる人工物は，高い利便性をもっている．そして人工物の1つひとつは私たちが望む機能を実現するものとして人間がつくったものであるのにもかかわらず，人工物全体の機能が人間の手を離れ，人間の望みとは異なるものとなって，ときには人類の真の欲求である生存を脅かすような事態さえも生みだしている．これに打ち勝って持続可能であるためには，1つひとつの人工物をじょうずにつくるだけでなく，私たちは総体としての人工物を対象とする操作方法を身につけなければならない．

このような事態は，外敵と戦って勝たなければ生き延びることのできなかった状況と似ている．中世では外敵に打ち勝って生存するためにその外敵を倒すための人工物が生みだされた．現代の外敵は中世のように1つひとつを容易に同定できる可視的な敵ではない．自然と人工が連続した状況で困難が生じているのであり，困難を敵とよべばその敵が出現する原因には人類の行動が内在している（先に述べた再帰的ループ）．このように中世とは内容を異にしながらも，「邪悪なるもの」との戦いという本質は中世と共通しているから，人工物観の先祖返り（atavism）とよぶことができよう．

(2) 再帰的な人工物生産

新たな「邪悪なるもの」との戦いが再帰的な構造をもつとすれば，個々の行動に再帰的構造をもたせることは戦いに勝つために有効な方法である．ここでは人工環境に大きな影響をもつ人工物の生産について考えてみることにしよう．

工場でものを生産することを考える．工場でものをつくるには，表2.3の製造の部分に示したような一連の作業がある．この部分に関して現代の産業は長い歴史をもち，よく構造化されていて，それぞれ固有の役割や責任を果たす企業が明確なかたちで存在している．しかしこの流れは，進化に必要な再帰的なループという観点ではまことに不十分である．それはつぎのような

表2.3 製造と逆製造の実施．

製　　　　造	逆　　製　　造
採鉱，	砂漠緑地化，
開墾，	稚魚放流，
建設，	汚染した土地の回復，
耕作と農業，	荒廃した沿岸のバイオマス，
材料製造，	二酸化炭素吸収，
製品製造，	高分子材料の生分解，
など	廃棄物処理，
	メンテナンス（保守，修理）など

物質的持続性を実現するためには以下のことが必要である
1. 各製造の効率向上
2. 相互に関係する量製造の均衡化と最適化
3. 製造と逆製造を合体したシステムの開発

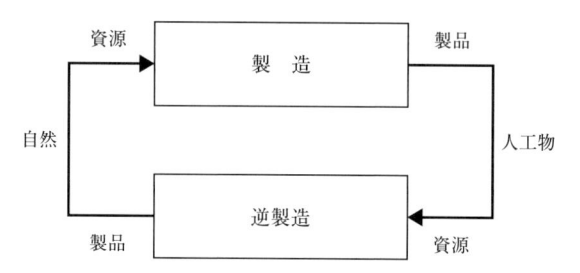

図 2.7 製造と逆製造の結合（閉回路型製造）.

例をみれば明らかである．

　設計者が新しい機械をつくったとしよう．それが社会に出ていって，市場でよいか悪いかが判断され，悪いものは忘れ去られ，よいものは社会からさらに求められる．設計者は社会での使われ方をみて，機械に改良を加える．このように設計者に帰ってくる情報の循環がたしかにあるといってよい．しかし，進化にはもう1つの循環，物質循環が必要である．現在のところ機械は役目を終えると廃棄されて，物質循環でみる限り人工物には図2.7の上側に示すような，自然→製造→人工物の一方通行しかない．物質循環を成り立たせるには，下側にあるような，人工物から自然にもどっていく方向の流れをつくらなければならない．逆の流れはまったくないわけではなく，表2.3の逆製造の部分はそれにあたる．それらは製造と関連して組織化されているわけでなく，体系的でなく，生産性も低い．人工物は物質循環を忘れていたために環境の劣化を招いたとみることができる．

　私が1990年ごろに提唱した逆製造（inverse manufacturing）の概念は（吉川，1996），上述の組織化されていない部分を組織化し，先端技術を適用すべき産業として位置づけるものであった．逆製造は，廃材を新しい製品にしてまわせばよいと受け止めている人がいるが，それはちがう．図2.8に示すように物質と情報の両方を循環させることが大切なのである．物質の循環は自然の物質的状況への負荷を最小化して持続性に寄与し，情報の循環はそれ自身が持続可能性へ向かう進化性を獲得する．しかも両者は独立でなく，同図に示すように逆製造では製品の物質的分解過程において使用済み製品のなかに内蔵された使用時の履歴情報が抽出されるが，その情報が進化のために必要な情報なのである．同図の逆使用は，使用の逆，すなわち仕様において

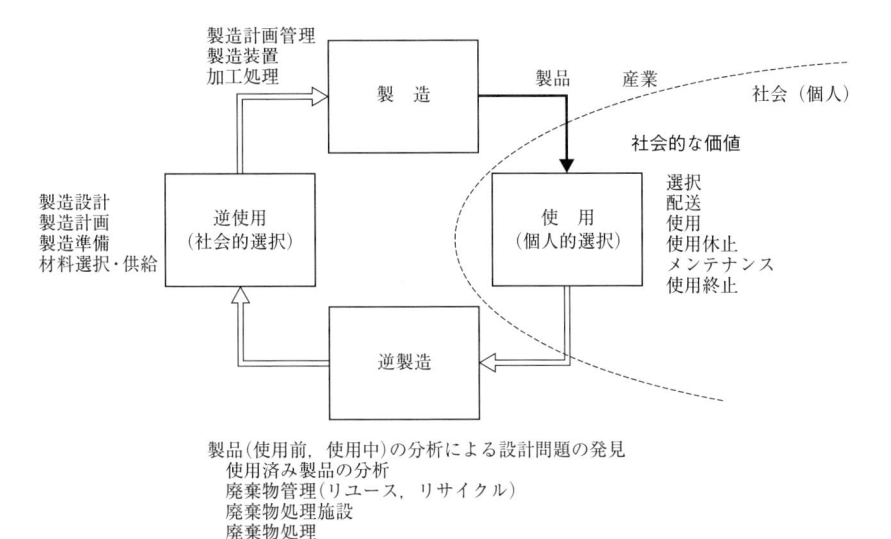

```
              製造計画管理
              製造装置          ┌─────┐
              加工処理     ═══▶ │ 製造 │ ──製品──  産業
                              └─────┘       ┃      ╲  社会(個人)
                                 ▲          ┃       ╲
製造設計                          ║          ▼        ╲  社会的な価値
製造計画     ┌──────────┐         ┌─────┐              ╲    選択
製造準備     │  逆使用   │         │ 使用 │               ╲   配送
材料選択・供給│(社会的選択)│         │(個人的選択)           │  使用
           └──────────┘         └─────┘               │  使用休止
                 ▲                 │                 │  メンテナンス
                 ║                 ▼                /   使用終止
              ┌──────┐                             /
              │ 逆製造│ ◀─────────                 /
              └──────┘                          /
                                              ╱
```

製品(使用前,使用中)の分析による設計問題の発見
　使用済み製品の分析
　廃棄物管理(リユース,リサイクル)
　廃棄物処理施設
　廃棄物処理

機能と実体の対応の存在（一般設計学）によって合一化が保証される

図2.8　持続的進化可能な製造業．持続的進化の必要条件：物質循環による持続性と情報循環による進化可能性．

消費される機能の組み立てであり，設計に対応している．したがって，ループのなかでの逆使用は使用結果の分析にもとづく再設計である．

このように逆製造は再帰性をもつ過程であり，持続性を実現するためには社会に再帰性が必要だという結論にこたえるために，生産という社会の大きな部分に再帰性をもたせることによって社会の持続可能性を向上しようとするプログラムなのである．

(3) 第二種基礎研究の提唱

前節でみたように，現在の科学は領域という仕組みをつくりだし，1つの領域のなかでその知識を使って相互に矛盾しない新しい知識を増やしてきた．このような行為は基礎研究といわれる．私はそれを第一種基礎研究とよぶが，その理由は，それとは異なる第二種基礎研究がサステイナビリティ学を考えるうえで重要になると考えているからである（吉川，2009）．

第二種基礎研究は定義すればつぎのようになる．「異なる領域知識を統合あるいは必要な場合には新知識を創出し，それを使って社会的に認知可能な

機能をもつ人工物（モノあるいはサービス）を実現することを目的とする研究」である．この行為は，産業において広く行われていることでとくに新しいことではない．しかし，それを私たちは研究とはよばなかったし，基礎研究とはまったく考えていなかった．それを基礎研究の形態の1つであるとするのが私の提案である．

両者のちがいは，第一種が単一の閉じた領域において未知の課題を既存の知識を基礎としつつ独創的な手法によって知識を増やすのに対し，第二種には領域に制限がない．第二種では知識の選び方が複数領域にわたって多様であり，定式化された方法がなく，したがってその選択に独創性が求められる．もう1つのちがいは，実現する対象が，第一種は知識であるのに対し第二種では人工物である．

第二種基礎研究で多様な知識を合体させて人工物をつくるのは，構成的な行為である．そこで働く主要な論理は，先に述べたアブダクションである．アブダクションは結果の一意性を保証しないから，構成された瞬間においては構成されたものの正当性は保証されず，最適性も不明である．人工物の正当性は使用によって与えられる．よいものは社会において使われるというかたちで承認されるのがその正当性の検証である．

第一種基礎研究で生みだされた知識の正当性は論理的に検証され実験によって保証される．それらは同じ領域の研究者の間で閉じたかたちで行われる．知識を生む過程あるいは方法は，研究者の間でほぼ成立している合意にもとづき定式化され共有され，その結果蓄積されていく．いっぽう，第二種基礎研究で生みだされる人工物は，その正当性の評価が社会に委ねられるために研究者の手を離れてしまい，その結果，人工物の実現過程が研究者の間で定式化されたり共有されたりすることは原理的にないのであった．そのために第二種基礎研究の方法が研究者の間の共有物として成長する可能性を欠き，その意味で基礎とはいいがたかった．第二種基礎研究を真の基礎研究にするためには，人工物の実現過程を記録し，体系化して社会の共有財産としていくことが必要条件なのである．

図2.5の持続的進化を可能にするループの1つとして科学者の知識生産を考えるとき，観察者が第一種基礎研究者であり，構成者が第二種基礎研究者である．したがって，このループが再帰的に情報を循環するようになるため

には，構成的研究の過程が観察的研究の過程と同程度に理解されていることが必要条件である．第二種基礎研究の独自性を理解し，そのうえで接続する観察型科学者とアクターとの関係を明らかにすることができれば，社会の再帰的構造の向上に大きく貢献すると考えられる．この解明は，このループの作動が重要であるサステイナビリティ学のために必要なことなのである．

2.3.3　期待されるイノベーション

第3の提案はイノベーションを起こすことである．

私たちは，従来の思考や行動の延長上にはない本質的な変革を求めている．シュンペータ以来議論されてきた経済を革新的に成長させるイノベーションとは異質のイノベーションが求められている．新たなイノベーションの目標は持続型社会（sustainable society）の実現である．それは，戦争や革命，あるいは強権によって短期間に実現するようなものではなく，社会の多数の人々の合意によって緩やかに実現していくものでなければならない．この緩やかという点が重要である．個人，企業，国家などから自由に提案が出され，採用された複数の提案は多様な参加者の自由な発想にもとづく努力によってそれぞれ試行されるが，社会あるいは自然を持続可能性に向けて好ましい方向へと連続的に変化させる方法であることが認められたものが生き残っていく．それはある種の競争であるが，選択の結果として本質的な敗者を生まないものでなければならず，そのために変化が緩やかであることが求められるのである．

人工物を生みだす産業活動についていえば，地球環境に悪い影響を与えているからといって，ある特定の企業に活動停止を命令したり，あるいはすべての企業の活動を強制的に縮小したりするような強制的行為は有効でない．個々の企業の努力が，相互に関係しつつ全体として地球環境を持続的な方向へと変化させていくことが望ましい．そのような変化を私は産業の重心移動とよんでいる．

その変化で重要な点は，価値が物質的存在（すなわち物理）で決まるのではなく，機能によって決まるということだろう．たとえば現在の経済学の分類ではサービス産業と製造業を分けているが，ここにまちがいがある．産業の成果をサービスとして統一的に理解することが重心移動を理解するうえで

人々の関心 ↑

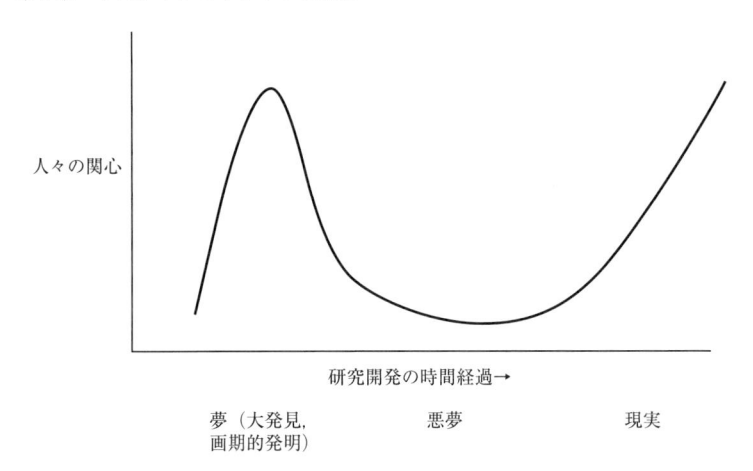

研究開発の時間経過→

夢（大発見，画期的発明）　　悪夢　　現実

図2.9　イノベーションの典型．夢，悪夢，現実．

役に立つのである．

　イノベーションはある日突然起こるものではない．一般にイノベーションがどのように起こっていくのかを模式的に書いたのが図2.9である．夢を追って研究が始められ，画期的な成果を生むことによって人々の関心が高まっていく夢の時期がある．しかし，人々の関心である研究成果が社会的価値となるまでの過程は必ずしも順調に進むものではない．多くの場合，期待される社会的価値に到達するまでにそれを阻む壁があり，それがなかなか突破できない悪夢の時期を迎える．すると人々の関心も失われていく．その苦しい時期を乗り越えられれば，イノベーションは現実を変える力をもって目の前に現れ，人々の関心は再び高まっていく．

　地球温暖化問題の深刻化にともない，通信技術，情報技術の進展に強い期待が寄せられた．人間が移動することなしに情報交換が行われれば，エネルギー消費が減るとされた．ところが，通信技術が発達するにつれ，2040年ごろには通信で消費するエネルギーが現在消費しているエネルギーの総量を突破しかねないという危険性が指摘されるようになった．ITがエネルギーの最大の消費者になるということに気づいたのは，つい最近のことである．

　それに対する対策が始まり，光スイッチによる超低エネルギー光ネットワークでエネルギーをはるかに減らせるというような新技術による問題解決の試みも始められ，多くの分野での研究開発が進みだしている．しかし通信の

需要は大きくなる一方で，新技術が追いつくかどうかが大問題である．通信のエネルギー消費という問題に20年ぐらい前に気づいていればよかったのだろうが，通信とエネルギーとは別の学問領域そして別の産業領域に属していて，その技術開発が別々に考えられていたために，両者を結びあわせたかたちでのイノベーションはあまりにも遅れてしまった．

光スイッチの場合，光の性質を明らかにする基礎研究，すなわち第一種基礎研究に始まり，それを素子として実現したうえでシステムをつくる第二種基礎研究を突破して，いよいよ製品化研究に至る．しかし研究はまだ第一種かあるいは第二種の入口のところにいて，現実的に世界の通信エネルギー低下に寄与できるようになるまでの時間を予測するのはむずかしい．それを加速するのは第一種，第二種，そして製品化研究を統合する本格研究（吉川，2009）が有効である．

いま求められているのは，すでに始められた基礎研究を本格研究によって加速するとともに，上述のような遅れを生じないように4次元レンズをもって将来を見通しながら基礎研究としてなにが必要かを予測することである．そのうえで広範な知識と産業の分野を統合するイノベーションが望みの時期に実現できるように，現在はまだ一般的でない本格研究が行える体制を整えることが求められている．その体制とは，図2.10に示すような，第一種基礎研究，第二種基礎研究，そして製品化研究の融合であり，異なる分野のみならず，いくつかの機関の間での協調が必要である．

2.4 サステイナビリティ学を創出する主体

科学は，社会における多様な人々の行為に正当な根拠を与える基礎としての共通の知識である．近代以降，科学は科学者の研究によって急速にその内容を拡大しながら豊かな科学的知識体系をつくりあげるとともにその利用を促進し，人々の行動に大きく寄与し，結果として自然や社会に大きな影響を与えてきた．そのなかで大きな役割を果たしたのが科学者であった．この知識体系は人類にとってこのうえなく貴重な財産である．

しかし本章で論じたように，現代において私たちが遭遇している諸問題を解こうとするとき，いま手にしている科学的知識では不足だというだけでな

機能的製品
(社会への提供)

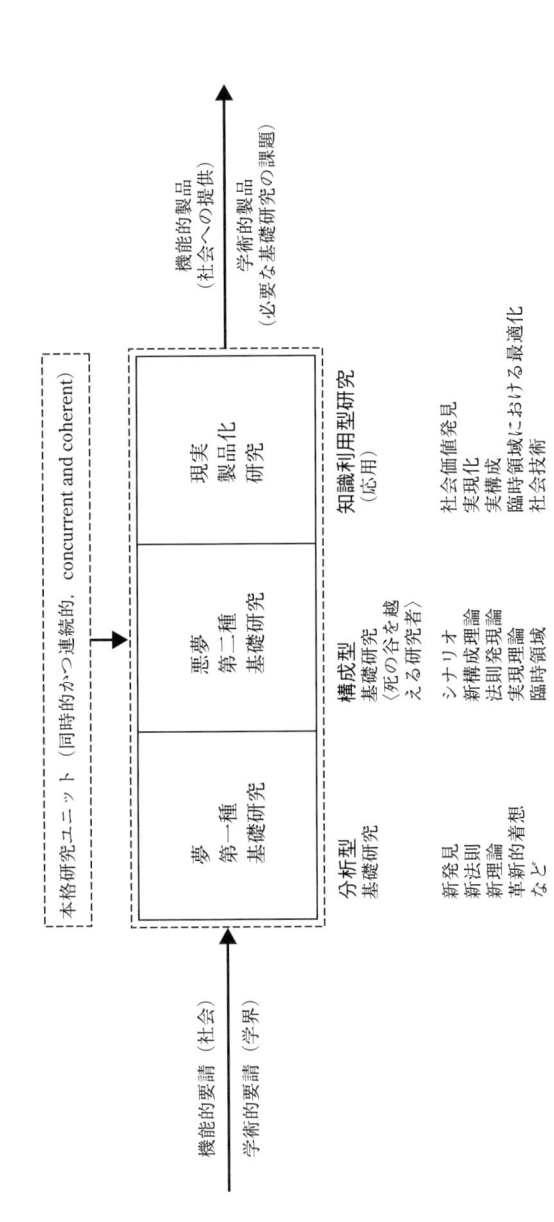

学術的製品
(必要な基礎研究の課題)

本格研究ユニット（同時的かつ連続的, concurrent and coherent）

夢 第一種 基礎研究	悪夢 第二種 基礎研究 〈死の谷を越える研究者〉	現実 製品化 研究

分析型基礎研究

新発見
新法則
新理論
革新的着想
など

構成型基礎研究

シナリオ
新構成理論
法則発現理論
実現理論
臨時領域

知識利用型研究（応用）

社会価値発見
実現化
実時領域における最適化
社会技術

機能的要請（社会）
学術的要請（学界）

図 2.10 本格研究 (full research). 新しい基礎的知識にもとづく新しい技術を生みだすイノベーションのための研究.

く，従来の路線で知識を拡大していけばそれらの問題が解決するという見通しが立てられないという，いままで経験したことのない課題が現れてきたのである．この課題に対応しなければならないという認識が，サステイナビリティ学をつくろうという科学者の動機であった．それはすでに述べたように，従来とは異なる骨格のもとでちがう方法によって研究が行われるべきものである．そして人類の新しい適応が究極の目標にある以上，知識と行動との結びつきを強く意識することが必要である．

このようなサステイナビリティ学をつくる主体はだれなのか，本章の最後にこのことを考えておきたい．

持続可能であるために進化の構造をもつことが求められ，それには物質循環と情報循環が含まれることを繰り返し述べてきた．情報技術が発達した現代においては，情報はネットワークを通じて瞬時に伝達され，社会のなかを高速で循環していると思うかもしれない．しかし，たんになんらかの信号が送られただけでは情報が循環しているとはいえないことに気づく必要がある．ある情報が社会のあるセクターから発信され，それが社会の別のセクターに届き，そこで理解され有効に使用されてなんらかの影響を与えたときに，その情報は意味のある伝達がなされたと考えることができる．すると情報は瞬時には伝わらずに，ある社会的速度をともなって伝達されるのである．その速度は電子の速度ではない．

研究者が知的好奇心で研究し，新たな知識を社会に出すと，社会のさまざまなアクターがその知識を使用して行動する．アクターは社会のあらゆるセクターに存在しているから知識はさまざまな効果を社会や環境にもたらす．この効果が観測され分析され，研究者にもどってきたときに，研究者の知的好奇心に変化が生じると期待したい．専門と関係するかしないかにかかわらず，1人の人間として持続型社会の実現を意識している研究者であれば，知的好奇心は時代の状況を超越した不変のものでなく，時代の影響を受けておのずと変わっていき，それにしたがって持続可能性をもたらす方向へと自らの研究を軌道修正するだろう．このようにして，情報循環によって社会における持続性が向上すると同時にサステイナビリティ学が進展する．

このときの情報循環の社会的速度はそれほど速いものではない．たとえば先端的な科学領域において一般的な仮説と実験のような閉じた情報循環で知

識が生みだされていく創出速度に比べると，上述の速度はかなり低いと考えなければならないであろう．この情報循環の速度の遅さが現代の科学とサステイナビリティ学における知識生産の速度差を生む．そしてそれが現代における人類の適応の困難さを生んでいるのである．サステイナビリティ学において，社会的速度を加速化させることが強く望まれる．

サステイナビリティ学の創成速度を加速するための1つの手段として情報循環の速度を上げることを考えるとき，その速度を決めているものを考えなければならない．それは循環の構造をみればただちに理解されるように，研究者だけでなく社会のなかの多様なアクターたちと，アクターの結果を受容する社会そのものがある．すなわちアクターの行動速度と社会の受容速度が影響する．したがって，この問題は研究者だけが取り組んで解決できる問題ではない．知識の生産者すなわち科学者と，知識の使用者すなわち社会のなかの人々とが，有機的な連携をもって情報を循環させていくことが必要なのである．

そしてもちろん速度だけでなく，つくりだされるサステイナビリティ学の質も同じ観点で論じる必要があることはいうまでもない．サステイナビリティ学を創出する主体は研究者のみならず，社会の人々をも含んでいることがサステイナビリティ学の大きな特徴なのである．

文　献

de Saussure, F. (1949) Cours de Linguistique Generale. Charles Bally et Albert Sechehaye（中村英夫訳）一般言語学講義．岩波書店，1972.

ICSU（国際科学会議）で，欧米で Traditional Knowledge という言葉は科学的知識を否定するものとして使われることが多いので，Indigenous Knowledge を使うことに合意した（1999総会，カイロ）．日本語で前者に対応する「伝統的知識」を使うことは問題ないであろうが，私が ICSU 会長として合意に関与したので，ここでは Indigenous の原義である「ある種族のなかで固有」という意味を表現するために土着的知識を使う．

Peirce, C. S. (1931) Collected Papers of Charles Sanders Peirce, Vol. 1. Hertshorne, C. and Weiss, P. eds., Thoemmes Press, London.

Popper, K. R. (1957) The Poverty of Historicism. Routledge & Kegan Paul, London（久野収・市井三郎訳）歴史主義の貧困．中央公論社，1961.

吉川弘之（1996）テクノロジーの行方．岩波書店．

吉川弘之（1979）一般設計学序説．精密機械，45（8）：20-26.

吉川弘之（2006）学問改革と大学改革―Sustainability Science. IED（現代の高等教育），5：24-32.
吉川弘之（2007）人工物観．横幹，1（2）：59-65.
吉川弘之（2009）本格研究．東京大学出版会．

第3章
サステイナビリティ学と構造化
―知識システムを構築する

梶川裕矢・小宮山宏

3.1 サステイナビリティ学と知識の構造化

3.1.1 サステイナビリティとは

　持続可能性は，われわれの暮らす社会，それを取り巻く環境，そしてわれわれ自身にとってきわめて重要な課題となっている．人口増加や経済発展による自然資源の枯渇，生態系などの環境の劣化，グローバリゼーションの進展による各地域や国独自の社会や文化の喪失など，持続可能性が議論の俎上に上がっている問題は数多い．サステイナビリティ学とは，本巻の第1章で論じられているように，持続可能性という国際社会が抱える共通の課題を解決し社会を持続可能なものへと導くために構築されつつある学問体系である．本章ではサステイナビリティ学にとって重要と考えられる知識の構造化と行動の構造化について論じる．具体的な議論に入る前にまず，持続可能性という概念の変遷についてみてみよう．

　持続可能性（sustainability）を文字どおり解釈すると，それは，なんらかの対象を持続する（sustain）ための能力（ability）ということになる．その起源は古く，ミルやマルサスによる人口論にまでさかのぼることができる．ミルやマルサスの議論にしたがうと，人口は等比級数的に増加するが，それを養うための食料は等差級数的にしか増やせないため，やがて，必要となる食料の量が土地のもつ食料の供給能力を超えてしまう．したがって，そのような人口増加と食料生産による社会システムは持続可能ではない．農学，林学，水産学の分野では，持続可能な収量という言葉がよく使われる．作物を続けて生産すると土壌劣化を招き，木を切りすぎると再生産できず，魚を獲りすぎれば漁獲量は減少する．そのため，自然を相手にするこれらの分野で

は，収穫量を持続可能な収量以下に保たなければならない．農学，林学，水産学で議論の俎上にのぼっているのは，人間に食料，木材，魚介類を提供する生態系サービスの持続可能性であり，人間社会を取り巻く自然環境や自然資源の持続可能性である．

持続可能性という言葉を用いる利点は，「環境」か「開発」かという二項対立を克服できるという点である．経済学者のハーマン・デイリーは，社会における資源利用と廃棄物の排出に関する3つの原則を提唱している (Daly, 1990)．すなわち，①土壌，水，森林，魚など「再生可能な資源」の持続可能な利用速度は，再生速度を超えるものであってはならない．②化石燃料，良質鉱石，化石水など「再生不可能な資源」の持続可能な利用速度は，再生可能な資源を持続可能なペースで利用することで代用できる程度を超えてはならない．③「汚染物質」の持続可能な排出速度は，環境がそうした物質を循環し，吸収し，無害化できる速度を超えるものであってはならない．

このような原則は，自然保護を第1の原則とする環境保全（environmental conservation）とは異なる．環境保全においては，環境保護が最優先される．しかし，持続可能性という概念を用いることで，生態系サービスが維持される範囲において，われわれが豊かな暮らしを享受できるよう環境と社会のバランスをとるべきだというように高次の観点で議論ができるようになる．

しかし，持続可能性という概念は，現在では，たんなる生態系の持続可能性を超えて，より広い文脈で用いられている．1987年に発行された，国際連合の「環境と開発に関する世界委員会」による報告書 "Our Common Future" (WCED, 1987) では，持続可能な発展（sustainable development）という概念が提唱され，われわれの経済や社会の発展が持続可能性をもつべきことが強調されている．同報告書のなかで，持続可能な発展は「将来の世代のニーズを満たす能力を損なうことなく，今日の世代のニーズを満たすような発展」であると定義されている．

このような概念を提唱した背景には，世界の持続可能な発展を脅かしている原因の1つに南北問題があることに国際社会の目を向けさせるというねらいがあったといわれている．すなわち将来世代のために，今日の世代が消費の増大をあきらめなければならないとすると，それは先進国の大量生産・大量消費のつけを途上国にまわすことにならないか，経済的に貧しい途上国の

将来の生産や消費が損なわれるのではないかという危惧の念である．すなわち，ブルトラント委員会による持続可能な開発の定義は，将来世代と現役世代，北と南という時空間的な広がりを有しており，生態系に主眼をおいたそれまでの持続可能性概念の射程を経済や社会までに広げたといえる．

さらに，ヨハネスブルグサミット（持続可能な開発に関する世界首脳会議）では，われわれが取り組むべき最重要課題として，WEHAB，すなわち，水（Water），エネルギー（Energy），健康（Health），農業（Agriculture），生物多様性（Biodiversity）の5つが取り上げられた（UNWSSD, 2002）．

サステイナビリティ学連携研究機構（IR3S）では，われわれが将来にわたって持続させるべき対象は，気候システム，資源・エネルギー，生態系といった地球システムと，政治，経済，産業，技術などの社会システム，安全・安心，ライフスタイル，価値規範，健康などの人間システムという3つのシステムであるという整理を行っている（Komiyama and Takeuchi, 2006）．また，持続可能性は，①経済成長，ならびに，②公平性を担保したうえで，成長し変化する人々のニーズや願望を満たし，③有限な資源と，人類の活動の結果としても環境にもたらされるさまざまな負荷を吸収する環境の容量を保全することを前提に，それらの間のトレードオフが十分に調整されたときに初めて達成されるものであるという（Hay and Mimura, 2006）．

3.1.2 サステイナビリティ学と知識の構造化の必要性

それでは，サステイナビリティ学とはどのような学問であるべきなのであろうか．私たちは，サステイナビリティ学を，持続可能性の問題に学術的に取り組み，持続可能な暮らしや社会，環境を実現するための知識を提供するための学問体系としてとらえるべきであると考えている．

サステイナビリティ学の目的を達成するために必要なことの1つが知識の構造化である．知識の構造化を必要とする理由は2つある．1つは知識を支える情報の大爆発であり，もう1つは分野を横断した知識の急速な広がりである．

現在，さまざまな国でサステイナビリティ学を1つの学術分野として創生する試みがさかんに行われている．わが国では，IR3Sをはじめ，多くの大学が持続可能性に関する研究に取り組んでいる．2006年には，サステイナ

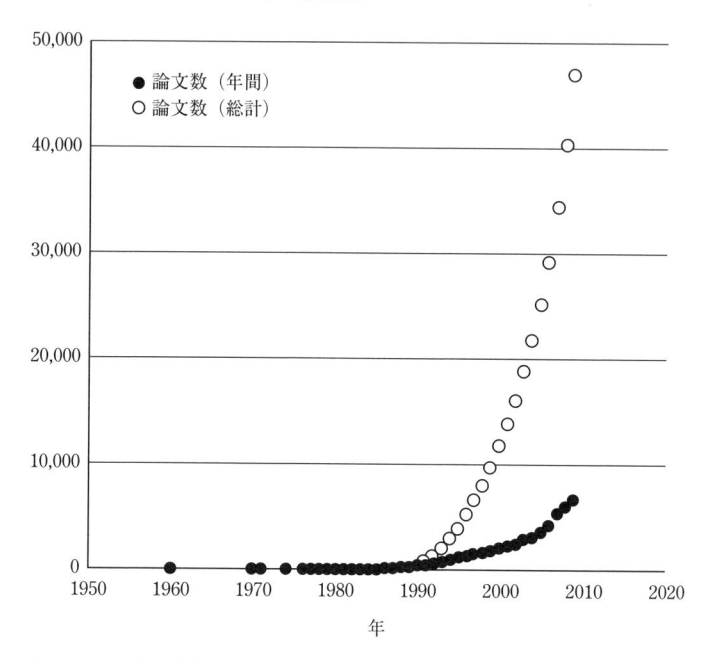

図 3.1 持続可能性に関する論文数.

ビリティ学に特化した学術雑誌として，シュプリンガー社発行の "Sustainability Science" が創刊された．また，Science や Nature に次いで権威のある米国科学アカデミー紀要（Proceedings of National Academy of Science）がサステイナビリティ学のセクションを特別に設け投稿を促している．

図 3.1 はサステイナビリティ学に関する論文の年間の出版量，ならびにその累計である．図は学術論文の代表的なデータベースである Science Citation Index ならびに Social Science Citation Index を用い，論文のタイトルやアブストラクトなどの書誌事項に sustainability もしくは sustainable を含む論文をカウントし作成した．図から読み取れるように，現在では年間 6000 本以上の論文が出版され，すでに 4 万本以上の論文が蓄積されている．この間，学術全体の論文数の増加は概ね 2 倍程度であるから，それよりもはるかに速い速度で論文数が伸びている．これは，サステイナビリティ学に対する社会からの要請の高まりや研究者自身の関心の高まりを反映していると思われる．結果として，持続可能性という課題に対して，より多くの知識が

蓄積し，理解も進んできているのである．

　このように，学術的な蓄積が進み，われわれの理解が進むこと自体は大いに好ましいことではあるが，一方で，その情報量の多さゆえにかえって全体像がみえなくなるという弊害も生まれてきた．現在人類が有する知識の総量はサステイナビリティ学という1つの分野をとってみても明らかに1人の専門家が読み通せる量を超えている．すなわち，サステイナビリティ学の全貌を把握しうる専門家は残念ながらだれ1人いない．このように日々膨大な数の論文が出版される状況のなかで個々の研究者は，自らが専門とする分野の進歩に同期する必要がある．日々新たな論文が出版される状況のなか，また，世界的な競争環境のなかで，新たな知見を見出し，権威ある学術雑誌に自らの論文を掲載するには，細分化された研究分野に必然的に特化せざるをえない．

　研究分野が細分化すればその分野のなかでさらに知識が増え，それがさらに細分化されていく．細分化と細分化された分野のなかでの専門化が繰り返される．現代の学問を取り巻くこのような状況下では，ある分野の専門家といわれる研究者は，自らの限られた狭い分野だけに精通していて，ごく近い分野でもほとんど門外漢という状態になってしまう．知識の総量が増大し，研究分野が細分化されたため，研究者は自らの専門分野の知識を内包する知識の全体像を見失っている．

　そのような状況下で特定の学問分野の全体像を描くのは容易ではない．そこで，ここでは，引用ネットワーク分析という手法を用いて，サステイナビリティ学の全体像を俯瞰してみよう．

　図3.2は，図3.1に示した持続可能性に関する論文群を，引用ネットワーク分析を用いて分析し可視化したものである（Kajikawa et al., 2007）．論文間の引用関係を分析することで，同じような引用関係をもつ，すなわち，内容が近い論文群を同一クラスタにまとめている．図3.2において，同一色で描画されているものが同一クラスタに属する引用関係であり（原図はカラー），クラスタ内に属する論文数の大きいものから順に，クラスタ番号を#1，#2としている．また図では，各クラスタに属する論文数と論文の平均出版年も同時に示している．平均出版年が若いほうがその領域のなかで最近出版された論文の割合が多い．すなわち，注目され伸びている分野であるといえる．

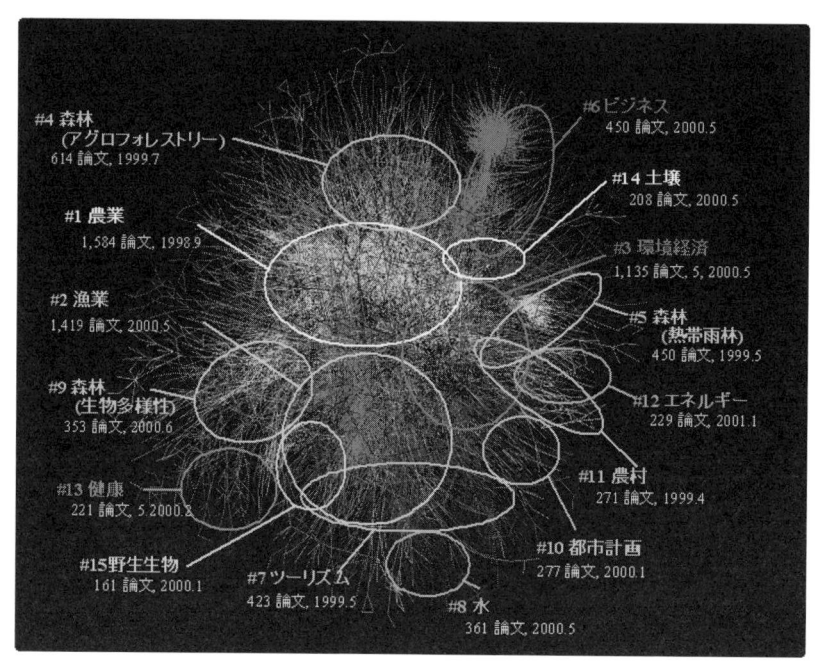

図3.2 サステイナビリティ学の構造 (Kajikawa *et al.*, 2007).

図3.2をみると，もっとも大きいクラスタは#1の農業クラスタである．それは1584論文を含み，それら論文の平均出版年は1998.9年である．ここで平均出版年は十進法で表示している．すなわち，平均的には農業クラスタの論文は1998年の11月か12月ごろに出版されているということである．これは図3.2に示した15のクラスタのなかでもっとも古い．2番目に大きいのは漁業であり，海洋資源の持続可能性が議論されている．3番目が環境経済である．環境のもつ金銭的な価値の評価，環境税の効果やエコロジカル・フットプリントの分析などが行われている．森林に関する研究は4番目のアグロフォレストリー，5番目の熱帯雨林，9番目の生物多様性に関する研究に分裂している．アグロフォレストリーは林業と農牧業の複合経営を探求している学問分野であり，農業クラスタの近くに描画されている．農業クラスタの周囲には関係している領域として#14の土壌に関するクラスタもみられる．

6番目に大きいのはビジネスに関するクラスタであるが，これには注意が

必要である．このクラスタに含まれる論文には，企業の環境行動や省エネなどの環境パフォーマンスが業績に与える影響や CSR 活動に関する研究など，ほかの領域に関係が深い論文も含まれるからである．これらの論文の大部分は，企業の競争優位の持続可能性に関する研究であり，その他の多くのクラスタでの研究との関連性は薄い．しかし，このことは図 3.2 の可視化の図中，ビジネスクラスタの多くがほかと離れた位置に描画されていることからもうかがい知ることができる．

　その他には，ツーリズム，水，都市計画，農村，エネルギー，健康，野生生物に関する研究領域が抽出されている．

　このように，現在，サステイナビリティ学は，食料，木材，水産資源，経済，エネルギー，水，都市，健康など，なにを持続可能とすべきかにより大きく研究領域が分かれている．すなわち，現在のサステイナビリティ学は，農学，林学，水産学，経済学，水文学，都市工学，保健学といった既存分野の集合からなる多領域性の（multidisciplinary）色彩が強い．しかし，それでも単一の領域がばらばらに存在している（monodisciplinary）状態よりはましであろう．別個の領域の研究者を同じ場所に集めるだけでもなんらかのシナジー効果はあるかもしれない．しかし，持続可能性という課題はしばしば分野横断的な（interdisciplinary）取組を必要とする．

　たとえば，バイオ燃料の利用が持続可能かどうかを理解するためには，バイオ燃料の生産に必要なエネルギー量と生みだされるエネルギー量を定量的に比較評価しなければならない．また，サトウキビやトウモロコシなどからバイオ燃料を製造する場合，食料とのトレードオフや，水使用量の持続可能性を評価しなくてはならない．それが経済的に持続可能かどうかは，ほかのエネルギー技術との経済性の比較評価や各エネルギー技術や農業全般に対する補助金の額と，社会的・技術的な波及効果，その合理性などを総合的に検討し，判断しなければならない．

　たとえば，ある地域の環境汚染という問題を評価し，解決するためには，発生源を特定し，環境汚染の程度を定量的に測定し，その汚染が動植物の多様性や生態系の機能に与える影響を評価し，人間活動とそれがもたらす環境汚染というトレードオフにおける費用と便益の分析を行い，汚染除去もしくは汚染を発生しない代替手段のための装置開発や，それを推進するための規

単一領域の集合の存在 — monodisciplinary

複数領域を含む領域の学問分野としての立ち上げ — multidisciplinary

分野横断的な取組 — interdisciplinary

超分野的な取組 — transdisciplinary

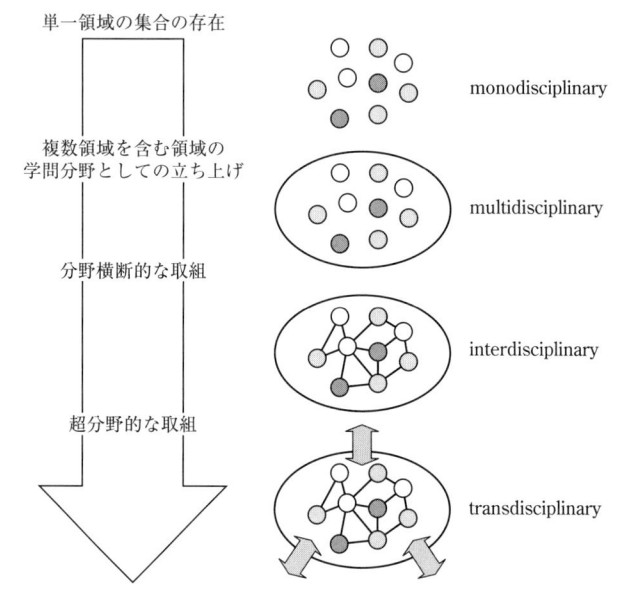

図 3.3　サステイナビリティ学の発展段階.

制や制度の改革を行う必要がある.

　現在，持続可能性に関する多くの研究がなされている．しかし，それらの多くは農業や漁業など単一領域においてなされている（Kajikawa, 2008）．多くの科学者がこれら解決困難な問題に挑戦し日々研究活動を進め，新たな知識を生産している．しかし，そのようにして生みだされる知識の多くは断片的であり，問題を特定の側面からのみとらえているにすぎない．知識を蓄積することは有意義ではあるが，単一の学問領域の知識だけでは，全体像をとらえきれず，持続可能性という複雑な課題に対し適切な解決策を提示することができない.

　各領域の専門家による自律的・分散的活動に委ねていては，専門化が進むばかりで，人類の直面する諸課題の解決に必要なさまざまな専門知識を分野横断的に組み合わせるという仕組みはおそらく生まれないだろう．社会と連携しそれを行動に移す超学的（transdisciplinary）な取組がない限り，持続可能性は達成できないと考えられるのである（図 3.3）.

　では，分野横断的な取組を実践するにはいかなる研究が必要であろうか.

自然言語処理や引用ネットワーク分析といった技術を用いて，分野横断的なトピックや論文を抽出した研究（Kajikawa et al., 2007 ; Kajikawa and Mori, 2009）によると，教育，バイオ技術，気候変動，福祉，生活といったテーマは分野横断性が高い．また，論文という単位でみると，持続可能性の概念に対する哲学的考察，サステイナビリティ学における共通の分析ツールやフレームワークを扱った論文，個人や社会，政策との関係に焦点をあてた論文，特定地域における事例研究といった論文が多い（Kajikawa and Mori, 2009）．そうしたテーマの分野横断性が高いのは以下の理由によると考えられる．

すなわち，サステイナビリティ学では，農業，林業，水産業，水，エネルギー，都市と農村，健康といったさまざまな持続すべき対象が，気候変動などの環境変化によってどのように影響を受けるか，その影響を教育やバイオ技術などを用いてどのように緩和できるのか，影響が顕在化するのを遅らせることができるのか，影響が現れた場合，われわれの社会や日々の暮らしにどのように影響がおよぶのかといったことが共通した議論となっているのである．

また，持続可能性の概念に対する哲学的考察や，共通の分析ツール，フレームワークの構築，個人や社会，政策との関係に対する社会学的な探求は個別の研究領域だけではなく多数の研究領域に応用可能な汎用性の高い研究課題である．いっぽう，特定地域のケーススタディは，学術的な知見を実際の問題に適用するとともに，実践を通して現在の知識の不足している点を浮き彫りにする．そのような研究が，各領域の共通点を浮き彫りにし，分野横断的な取組を進めるために重要だということである．

サステイナビリティ学における分野横断的な取組の重要性は繰り返し主張されている（たとえば，National Research Council, 1999 ; Komiyama and Takeuchi, 2006）．サステイナビリティ学では，広範な研究分野にわたる専門家の協力が必要であるが，ほかの分野の専門家と協力し課題を解決するには，各専門家は自身の専門分野のなかで仕事をする場合に比べて，はるかに広い知識を必要とする．しかし，自らの分野を俯瞰し体系化することで，課題解決に向けて各専門分野の知識を十分に，そして適切に動員することができるようになるであろう．知識の構造化を通して，そのための仕組みを整備し，構造化された知識を提供することが，サステイナビリティ学の取り組むべき重要

な課題の1つといえよう．

3.2 知識の構造と構造化

3.2.1 知識の構造化とは

　知識の構造化とは，さまざまな知識を共通の認識の枠組，すなわち知識の構造にもとづいて記述するために，知識を収集，分析，評価し，体系化する一連のプロセスである．世の中に存在する膨大な情報，さらに，各人のもつ暗黙の知識を表出化し，収集する．知識や知識を得るためのアプローチを分析し，知識をその他の知識との関連性のなかで評価する．複数の知識を共通の土台の上で記述するための知識の枠組を構築し，その枠組にしたがって知識を記述し，体系化する．

　そのようなプロセスを経て構造化された知識は，爆発的なスピードで増え続ける情報のなかから有用な情報を知識として吸収する効率を増すとともに，専門外の知識を含む知識の全体像の共有を可能とするであろう．それにより，研究対象の明確化や，専門外の知識の動員を容易にする．また，知識の全体像を俯瞰することで，いままでだれも気づかなかった知識間の関連がみつかり，学融合によりそこから新たな研究分野が生まれ，有用な知識を生みだすことにつながる．これが知識の構造化の目的である．

　知識の構造化を行うには，まず，知識の構造，すなわち，異なる知識を記述し認識する共通の枠組を構築する必要がある．それには，知識の構造を分析する必要がある．ここでは，知識の構造とはなにかということを議論する前に，まず知識とはなにかということから述べる．

　古来より知識の定義に関して，多くの分野で議論がなされてきた．哲学の分野では，知識とは「正当化された真なる信念」であると定義されている（Dretske, 1981）．すなわち，外部のなんらかの事由により正当化されており，また，それが真なる言明であり，知識を保有する当人がそれを正しいものと信じているということである．この定義によれば，私たちが知識であると信じている知識の多くは知識ではないことになる．というのは，それらの知識のほとんどは正当化もされていないし，哲学的な意味において真実ではないからである．多くの学問分野で知識とよばれているものはそれが真理である

ということではなく，それ以前に誤りであるということが立証されていない仮説にすぎないからである．学問において知識は真理ではなく，実世界に対するモデルであるといえる（Rosenblueth and Wiener, 1945）．モデルはわれわれが現実の世界の本質を理解するための道具である．

このモデルをつくる方法の1つが，現象を概念化し，モデルを概念と概念の間の関係として表現するというものである．この方法にしたがうと，知識は概念と概念の間の関係で表される．このような考え方は，近年，情報科学において，オントロジやセマンティックネットワークとよばれている．

オントロジは元来哲学の一用語で，存在論と訳される．人工知能分野の研究者はオントロジを「人間と計算機システムの間で相互に伝達可能な，ある分野に関する共通の理解」(Gruber, 1995) という意味に転用して用いている．情報科学において，オントロジとは，実世界の知識を計算機で処理できるように，計算機で読み取り可能な形式で実世界の知識を表現する技術である．

オントロジは各研究者によりさまざまに定義されて用いられているが，形式的には，$O = (C, R, A, T)$ と表現することが可能である．ここで，O はオントロジ，C は概念集合，R は C に関する関係集合，A はオントロジを定義する公理集合，T は C に関する最上位の階層構造である（Shamsfard and Barforoush, 2004）．オントロジは概念，ならびに概念間の関係性を規定する概念の集合である．また，オントロジは概念の階層構造を定義し，それぞれの概念を分類する．また知識をそのように記述するための公理を与える．階層関係も関係性の1つであるから，単純化していうと，オントロジとは知識を概念と概念の間の意味的な（セマンティックな）ネットワークとして記述したものである．

このように，科学における知識を，概念と概念の間の関連として記述しようとする試みは，約半世紀前にヒックスとアレーによって書かれた物理学の教科書にさかのぼることができる（Hix and Alley, 1958）．彼らは当時知られていた物理法則を，物理量や概念の間の関係性として表現し，俯瞰的に体系化を行った．彼らによれば，物理学の知識は，物理量やそれに相当する概念，現象，化学物質，そしてそれらを関係づけるための，方程式や因果性によって記述できる．なお，ヒックスとアレーによる教科書は，インデックスを用いて，個々の方程式や因果性からそこに含まれる物理量や概念へ，また逆に

物理量や概念からそれが関与する方程式や因果性を通じて，順にたどれるようになっており，近年いうところのセマンティックネットワークの1つの原型ということができる．

ここで，ネットワークとはノードとリンクにより構成されるものの総称である．ノードとは個別の要素であり，リンクとはノードとノードをつなぐ関係性である．ネットワークとは原子や分子，生物や人工物のように実体をもって世の中に存在しているものではない．それは世の中にあるものや，現象や概念といった抽象物をモデル化するための視点である．ネットワークという視点をもって世の中を眺めると，あらゆるものがネットワークという枠組のなかで記述できる．対象が異なればなにをノードとし，なにをリンクとするかが変わる．しかし，ネットワークというものの見方は共通であり，さまざまな分析手法を共通に用いることができる．たとえば，物理学の知識であれば，ノードは物理量やそれに相当する概念，現象，化学物質であり，リンクは方程式や因果性である．

その他にもさまざまな知識がネットワークという枠組で記述可能である．たとえば，科学的な概念や方程式などを含んだ1つの学術論文を知識の塊としてノードとみなすことも可能であろう．このネットワークの例は，学術論文の引用関係ネットワークである．学術論文を執筆する場合，関係する既存の論文を引用するのが常である．したがって，引用によってリンクが張られた複数の学術論文は，なんらかの内容の類似性を有すると考えられ，引用関係のネットワーク構造は，学術知識の構造を反映するものといえるであろう．知識を概念と概念の間のネットワークというかたちで明示的に表現することで，異なる論文に報告されている別個の隔たった知識を組み合わせ，新しい知識が生まれる可能性がある．

これをスワンソンは，未知の公共知（undiscovered public knowledge）とよんでいる（Swanason, 1986）．スワンソンは1986年に，レイノー病に関するある発見を行った．レイノー病とは，四肢先端や耳の末梢血管が発作性の収縮を起こして一時的に阻血状態に陥る病気である．当時，レイノー病には一般的な治療法や治療薬がなかった．スワンソンはさまざまな文献を調査した結果，魚油がレイノー病の治療に使えるかもしれないという仮説を立てた．

その仮説の提案に至ったストーリーはこうである．スワンソンが，レイノ

一病に関する文献を調査しているとき，レイノー病が血液の粘性，血小板の凝集，血管収縮など，血液や血管に関する特徴が頻繁に出てくることに気づき，注目した．いっぽう，別の文献を調査すると，魚油とその活性成分であるエイコサペンタエン酸が血液の粘性や血小板の凝集を抑えることを報告していることを発見した．しかし，レイノー病と魚油を直接関連づけて議論している論文はなかった．すなわち，スワンソンは，すでに知られていた2つの別個に存在する知識「AならばB」と「BならばC」を関連づけ，「AならばC」と推論することで前述の仮説を立てたのである．いわば既存知識の構造化である．

スワンソンは魚油とレイノー病の関係のほか，同様な調査により，マグネシウムの欠乏が偏頭痛を引き起こすことを発見した．後に，スワンソンのこれらの発見は臨床研究でも裏づけられた．知識をたんに論文のなかに自然言語のかたちで表現するのではなく，知識の構造にもとづき，さらに機械的に処理が可能な記述とすることで，このような発見（場合によっては既存知識間の矛盾）を自動的に抽出できる可能性がある（Kajikawa et al., 2006）．

ネットワークとは予め世界に実体として存在するものではなく，あくまで，われわれが世界を抽象化し把握するための認識の構造である．しかし，世の中の知識をネットワークとして記述することで，われわれは世界を共通の構造のもとに把握することができる．このように知識をとらえるときの枠組，これが知識の構造であり，このような枠組に則って知識を記述することが知識の構造化である．

3.2.2 サステイナビリティ学の知識構造

ネットワークというのはわれわれが現実世界の現象を理解し認識するための汎用性の高い認識の構造，すなわち知識の構造である．しかし，それぞれの学問分野には，その分野独自の知識構造が存在する．

たとえば，材料科学ではプロセス-構造-機能という表現がしばしばなされる．材料科学の目的はわれわれにとって有用な機能をもつ物質を物性の組み合わせとして実現することである．材料の物性は結晶性や不純物濃度といった材料の構造によって決まり，構造は温度や圧力といったプロセスとその条件によって決まる．したがって，プロセスと構造，機能の間の因果関係を理

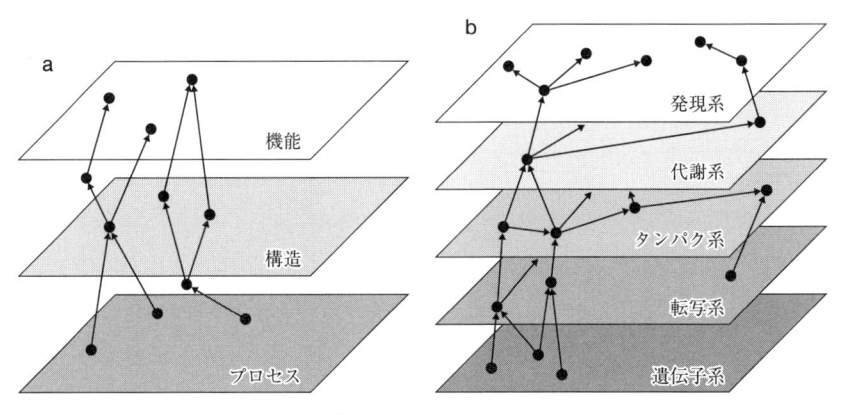

図 3.4 知識構造の例．a：材料科学，b：分子生物学（Kajikawa *et al.*, 2006）．

解することで，われわれは目的とする物質を合成することができる（図 3.4）．つまりこういったことができる（機能を有する）モノがほしいが，そのためにはこういうカタチ（構造）のモノがいる，それをつくるにはこういう方法でつくれば（プロセス）よい．こういう知識を発見し体系化することが材料科学の目的であるし，日々研究者が行っていることである．

このように各分野のもつ知識構造を明示化することで，われわれは他分野の研究者がなにを行っているのか，大まかに理解することができる．また，このような知識構造のもとに世に存在する知識を書きだせば，現在なにがわかっていて，なにがわからないのか，ある分野の知識と他分野の知識とどのようにつながっているか，もしくはつながりうるのか，俯瞰的に理解することが可能となるであろう．また，このような知識の構造をおたがいが念頭に入れることで，異分野間の専門家のコミュニケーションが円滑になることと期待できる．

それでは，サステイナビリティ学における知識構造とはどのようなものであろうか．サステイナビリティ学の現状を分析した報告によると，サステイナビリティ学は以下の要素を含む（Kajikawa, 2008）．

① ゴールの設定：ビジョンの提示や目標の設定．例）生活の質の向上，いきいきと働き暮らせる街づくり，貧困の撲滅，気候の安定化など．
② 指標の設定：めざすべきゴールへの到達度合いを示す指標の設定．例）年間の二酸化炭素排出量，ジニ係数など．

3.2 知識の構造と構造化　79

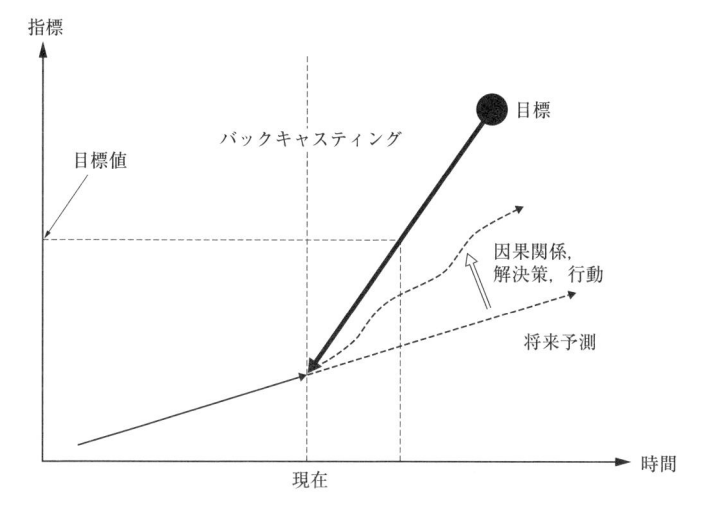

図3.5　時系列分析におけるサステイナビリティ学の知識構造
(Kajikawa, 2008).

③ 指標の測定：種々の手法により設定した指標の過去から現在の値を測定すること．
④ 因果の連鎖の分析：設定した指標などに影響を与える因子ならびにその因子に影響を与えるほかの因子という因果関係の連鎖を特定し，その影響を定性的・定量的にモデル化すること．
⑤ 将来予測：測定指標した指標の過去から現在のトレンドやそれに影響を与える因果関係をモデルとして組み込み，対象とする指標の将来の動向を予測すること．
⑥ バックキャスティング：設定したゴールと現状の乖離を分析し，目標に至るまでの計画を将来の目標から現在まで逆算し，設定すること．
⑦ 課題と解決策の連鎖の分析：現在，もしくは将来の課題とその本質的な原因を特定し，課題に対する解決策を提示すること．また解決策を実行するための阻害要因を特定し，さらにその解決策を提示すること．

なお，図3.5は，以下の要素のうち，時系列的な分析に関するものを図式的に表したものである．

サステイナビリティ学の知識構造の特徴としてまずあげられるのが，過去から現在，そして現在から将来にわたる幅広い時間を対象としていることで

ある．学問では，過去のことは記述できるが，将来のことは記述できない．予測することはできるが，人々の行動が変われば将来は変わる．サステイナビリティ学はそのような不確実性の高い事象を対象にしている．将来問題となりそうなことに対し，問題が顕在化しないうちから現在の問題への対処とどちらを優先するかを勘案しながら取り組まなければならない．

　もう1つの特徴はゴールの設定を含むことである．ゴールの設定とは，われわれはどこに行くのか，なにをなすべきなのかを決めることである．サステイナビリティ学は，ビジョンの提示やその政治的な意思決定のプロセスまで射程に含めている．また，設定したゴールはだれにとってどのような価値があるのかという問題を分析しようとすると，価値判断を含むものとなる．このような規範的な取組は従来の学問の枠組を逸脱する．

　しかし，われわれがなにをめざすべきか，なにを持続可能とすべきかを決めることは最終的には社会的な選択だとしても，そこにはなんらかの合理的な基盤となるものがあるはずである．サステイナビリティ学は指標の設定やその学術的な測定，人と社会，環境の相互作用における因果のメカニズムを明らかにすることで，そのような意思決定に資する知的基盤を提供することをめざしている．

　サステイナビリティ学のもう1つの特徴は課題解決のための学問だということである．サステイナビリティ学では，問題と解決策の連鎖を分析することが重要である．現状や過去からのトレンドにより予測される将来と，将来とりうるべき値とのずれから，問題を設定し，問題に対する解決策を提示する．これは，因果の連鎖の分析とは異なる．因果関係において，インプットとなる変数は操作可能とは限らず，必ずしも解決法につながるというわけではない．

　たとえば，マッチをすれば摩擦熱が生じ，それが温度上昇を生み，その結果，酸素との反応で燃焼し，熱と光を有する炎を生じる．炎を直接生みだしているのは化学反応であるが，われわれはそれを直接制御できない．あくまでマッチをするという行為によってのみ現実世界に介在している．特定の化学物質の存在と化学反応やそれによって生みだされる高温場が炎の原因であるが，火がほしいときに高温場と化学物質を用意しなさいといわれても困る．マッチを用意しなさいということであれば行動に移し課題を解決できる．マ

ッチがなければ，買いにいって使うというのが解決策の1つである．ただし，解決策にはしばしば障害や阻害要因となるものが存在し，それが解決すべきつぎの問題を生む．マッチはあるが，しけっているかもしれないのである．

このような課題-解決策の連鎖を分析し，根本原因となる問題とその解決策を提示することがサステイナビリティ学のめざすべきところである．

しかし，持続可能性という問題において，そのような問題と解決策の連鎖を分析することは簡単ではない．問題が複雑で不確実だからである．持続可能性に関連する専門知識は図3.2でみたように，多岐，多量にのぼるため，環境問題の専門家とよばれる人であってもその全貌を把握するのは不可能に近い．したがって，なにがほんとうの問題なのか，なにがわかっていて，なにがわからないのかを判断することがむずかしい．加えて，関係する人の知識，背景，経験が異なり，視点や価値観，アプローチの仕方も多様である．持続可能性を解決に導くためには，社会の関心と個人の努力が不可欠であるが，社会の関心や努力がなにによって決まっているのか，どのようにすれば変えられるのかは非常にむずかしい問題である．

かつての公害のような問題では，それらは悲惨ではあったが，問題の構造自体は単純であった．有害物質を出した加害者がいて，そのために被害者が生まれたのである．これらの問題に対する解決策は明快で，有害物質を出さないことである．

しかし，新たに発生した地球規模の環境問題は複雑である．たとえば地球温暖化問題では，二酸化炭素を排出する化石エネルギーが問題になるが，それが関係するのは日常生活だけではない．経済，政治，国際関係などあらゆる側面と関係し，それらの相互関係も複雑である．また，将来の二酸化炭素濃度はある程度の幅をもって推計することができるとしても，二酸化炭素が環境に与える影響には不確実性が高い．現象がきわめて多岐にわたり，それが絡みあい複雑化していることや，将来の人々の行動や社会の動向を予測することの不確実性が高いためである．

このように，問題解決に必要な知識が多岐にわたり，かつそれらが複雑に絡みあっている問題を解決するには，知識の構造化により問題の構造を明らかにするとともに，現在の人類が有している知識を同定し，全体像を理解することが必要である．このような高度な課題に挑むことがサステイナビリテ

ィ学に求められている．

3.3 知識の構造化から行動の構造化へ

3.3.1 構造化された知識の役割と限界

　知識はいうまでもなく持続可能な世界を実現するための重要な駆動力である．必要な知識を継続して生みだしていかなければ，持続可能性は実現できないだろう．しかし，十分な知識がただ存在すれば，持続可能性が達成されるわけではない．そのためには，適切なゴールを設定し，それに向けて，世の中に存在する膨大な知識を構造化しなければならない．その構造化の作業のなかで，現在なにがわかっていて，なにがわからないか，どういった知識が今後重要かといったことがみえてくるであろう．

　設定したゴールや目標が適切かどうかを客観的に判断し，多様な価値観をもつさまざまな人々のなかで合意を形成していくためには，めざすべき目標に対する適切な指標を設定し，その指標を学術的に測定し，将来の目標値と現在のそれとのギャップを認識し共有することが重要である．

　また，設定した指標が将来のある期間どのように推移するか予測するためには，関係する現象に関与する因果関係に対する深い理解と洞察が必要である．目標を達成するためには，将来を予測するだけでなく，バックキャスティングにより，現実と目標との乖離を埋めるための計画を策定し，その推移をモニタリングすることが必要である．

　そしてもっとも重要なことは，課題と解決策の連鎖を分析し理解することであり，その乖離に潜む本質的な問題を同定し，それに対する解決策を提示することである．

　もちろん，個別の知識，とくに一般性の高い汎用的な理論を構築することはきわめて重要である．たとえば，エネルギー供給の持続可能性を考えてみよう（小宮山，1999）．現在，世界では，エネルギー変換，ものづくり，日々の暮らしでそれぞれ約3分の1のエネルギーを占める．日々の暮らしのうち，約半分が輸送である．

　このうち，輸送に必要なエネルギーは理論的にはゼロである．摩擦がない理想的な自動車ができると，自動車を加速するにはエネルギーがいるが，一

定速度で運転中のエネルギー消費はゼロ，加速に要したエネルギーも減速時にまったく同等のエネルギーを回収できるから，理論的には，車が走りだしてから止まるまでに要する全エネルギーはゼロとなる．高低差があると同じ速度であっても上りでエネルギーを要するが下りで同じく回収できるからゼロである．もちろん，現実の車を走らせるのには地面や大気との摩擦が存在するため，エネルギーが必要だ．ただし，これは軽量化すれば少なくてすむ．摩擦の理論が教えてくれるとおり，物体を動かすのに必要なエネルギーは，重量に比例するからである．

しかし，冷暖房ではそうはいかない．灯油ストーブで温めるには，室内をあたためるのと同じだけの灯油を燃やす必要がある．このときに発生した熱はほぼ回収できない．ただし，エアコンで温める場合には，灯油を燃やして温めるよりも少なくてすむ．室内温度（T_{in}）(K) と室外温度（T_{out}）(K) とすると，（$T_{in} - T_{out}$）の分だけですむ．室外の温度が 0℃，室内の温度が 20℃ であれば，灯油ストーブの場合に比べ，6.8% ですむ．

一方で，エネルギー効率化ができないものもある．たとえばセメントである．日本は 1 トンのセメントを生産するのに消費するエネルギーを 1960 年から 30 年の間に約半分に減らしてきた．これは日本のセメント会社が必死に生産プロセスの改良をしたからである．すでに，理論的なエネルギーの限界の 1.6 倍まできており，これ以上減らすのは困難というところまで減らしている．ほかのものづくりでもほぼ同じ状況である．日本はエネルギーのほとんどを輸入に依存している．エネルギー価格が高いために逆にエネルギー効率の高い国になったのである．

いま，世界のセメントの半分は中国で生産されている．中国がセメントを使うのは都市や高速道路を建設するためであり，これを止めることはできない．しかし，一番効率のよい方法でつくれば，中国のセメントをつくるエネルギーは 40% に減るのである．

3.3.2 行動の必要性と行動の構造化の必要性

このように構造化された知識は，どこが課題であるか，また，どこに改善の余地があるか，またそれは可能かということを教えてくれる．しかし，知識や構造化された知識があれば，ただちに持続型社会が達成されるというわ

けでもない．持続型社会というのは知識の世界で達成されるものではなく，現実世界で実現されるべきものであるからである．知識だけではだめで，行動を起こさなくてはならない．

　また，深い知識をもっていても，行動を起こし少しでも実現しないと説得力もないし，知識も広まらない．なぜなら，知識とは所詮モデルだからである．すでに紹介したように，知識とは哲学では「正当化された真なる信念」と定義される．しかし，実際には，そのような定義にあてはまる知識はなく，「部分的に正当化された現在までに反証されていない蓋然性の高いモデル」があるだけである．したがって，懐疑論がいつの時代もつきまとう．厳密な学術的な方法に則って研究され，きちんとした査読システムのある学術雑誌に掲載された学術論文は，正しい内容である場合がほとんどであるが，実際にそれが目に見えるかたちで実感として示されないと多くの人は確信をもってそれを実行に移せない．

　したがって，少しでも目に見えるかたちで知識の実効性を示すことが必要である．最新の学術的な知見を行動に移し実証すること，また評価や体制を含めたその仕組みづくりが必要である．行動に移すことで新たな課題がみつかることもあるだろう．そのような知識と行動の密接なインタラクションが知識の実効性を高め，より多くの行動へとつながるであろう．

　知識に確信がもてないといった消極的な懐疑論のほかに，知識に対し積極的に疑いの目を向ける懐疑論もある．これは学問を進歩させるうえで非常に重要で不可欠である．学問の進歩は，しばしば，巨人の肩の上に立つと表現されるように，膨大な学術的な蓄積の上に成り立っている．そのような肩の上に立つことでわれわれはより遠くを見渡せる．既存の知見を是として，その上にさらに新たな知見を重ねる場合もあれば，既存の知見を徹底的に疑うことから，新たな発見が生まれることもある．

　しかし，反温暖化論のような懐疑論の場合，その懐疑が既存の知見の蓄積の上に立ち，正当化に値するデータをもって反証可能なかたちで示される場合はほとんどない．明日香らによる地球温暖化懐疑論批判によると，既存の温暖化懐疑論は以下のいずれかにあてはまるという（明日香ほか，2009）．

① 既存の知見や観測データを誤解あるいは曲解している．
② すでに十分に考慮されている事項を，考慮していないと批判する．

③　多数の事例・根拠にもとづいた議論に対して，少数の事例・根拠をもって否定する．

④　定量的評価が進んできている事項に対して，定性的にとどまる言説をもちだして否定する（定性的要因の指摘自体はよいことではあるものの，その意義づけに無理がある）．

⑤　不確かさを含めた科学的理解が進んでいるにもかかわらず，不確かさを強調する．

⑥　既存の知見を一方的に疑いながら，自分の立論の根拠に関しては同様な疑いを向けない．

⑦　問題となる現象の時間的および空間的なスケールをとりちがえている．

⑧　温暖化対策に関する取り決めの内容などを理解していない．

⑨　三段論法のまちがいなどロジックとして誤謬がある．

　従来，専門家はこのような批判に対して反論することはあまりなかった．それは研究の成果やアウトリーチとして学術論文を執筆して出版することに重きをおき，検討するに値しない学説や意見に対してはほとんど注目を払ってこなかったからである．それは，そのような活動を行うマインドの欠如や，そのような取組を評価する仕組みがなかったからである．しかし，多くの人の行動を必要とする持続可能性のような領域では，そのような言説を放置しておくことは目標達成のための障害になりかねない．

　そのような状況において，気候変動に関する政府間パネル（Intergovernmental Panel on Climate Change；IPCC）の行った取組は称賛に値するし，ノーベル賞にふさわしいものである．

　上記のような取組や知識の構造化は，知識を普及させたり，その確度を高めるうえでは有効かもしれないが，それでも不十分である．かりに高い変換効率をもつ太陽電池を安価でつくれるという論文が発表され，実際に実証されたとしても，それを目に見えるかたちで広め，それを産業，もしくは市民が購入し，化石燃料の使用を抑えなければ，エネルギー供給の持続可能性は達成されない．少数の意識の高い人が取り組むだけではだめで，多くの人の取組が必要である．

　古い家に住んでいた家族が太陽電池とヒートポンプによる給湯器，高効率のエアコン，冷蔵庫を備え，断熱性の高いエコハウスに住み替え，車もハイ

ブリッド自動車に乗り換えたとしよう．その家庭のエネルギー使用量は80%以上削減されるであろう．しかし，地球規模で考えた場合，このような一家族の決断と行動はどの程度のインパクトがあるだろうか．残念ながらほとんど，まったくといってよいほどない．持続可能性を実現するためには，じつに多様な背景や価値観をもつ多くの人の協調的，集合的な行動が必須であるのは明らかである．知識や構造化された知識，単一の行動ではだめなのである．これが行動の構造化が必要とされる理由である．

3.3.3 行動の構造化とは

それでは行動の構造化とはなにか．それを模式的に表したものが図3.6である．行動の構造化は，分析による行動の分解，統合による行動の設計，集合的・協調的行動の促進という3つの要素からなる（図3.6）．

行動の分解とは，構造化された知識を用いて，もしくは，持続可能性に配慮した先進的な取組を分解して，行動をなしている単位行動を抽出するプロセスである．

たとえば，先ほどのエコハウスの例では，太陽電池とヒートポンプによる給湯器を，高効率のエアコン，冷蔵庫を備え，断熱性の高い壁や2重窓を導入し，車もハイブリッド自動車や電気自動車に乗り換えるというものである．もちろん，これはエネルギーに限った話ではない．たとえば，水の持続可能性を高める行動としては，タンクにためた雨水の樹木への散水や，洗車，トイレへの使用，消費量の少ない水洗トイレへの買い替え，風呂の残り湯を洗濯に使うといった行動が単位行動にあたる．環境に配慮した行動をとろうとよびかけても実際に行動に移せるだけの知識をもっている人は少ない．行動を単位行動に分解することで，個々の行動を再利用可能なかたちで構造化することができる．

図3.6のなかで，四角で表したものが行動，大きな丸がエネルギーや水，森林，都市や経済，健康や文化といった対象となる行動のカテゴリー，小さな丸がそれらのカテゴリーの持続可能性を達成するための単位行動である．

行動の統合とは単位行動を組み合わせて新しい行動を設計することである．世界で行われているさまざまな取組事例を分析し，抽出した単位行動を，各人や各地域の状況に合わせて組み合わせ，新しい行動を設計する．そのとき，

3.3 知識の構造化から行動の構造化へ　87

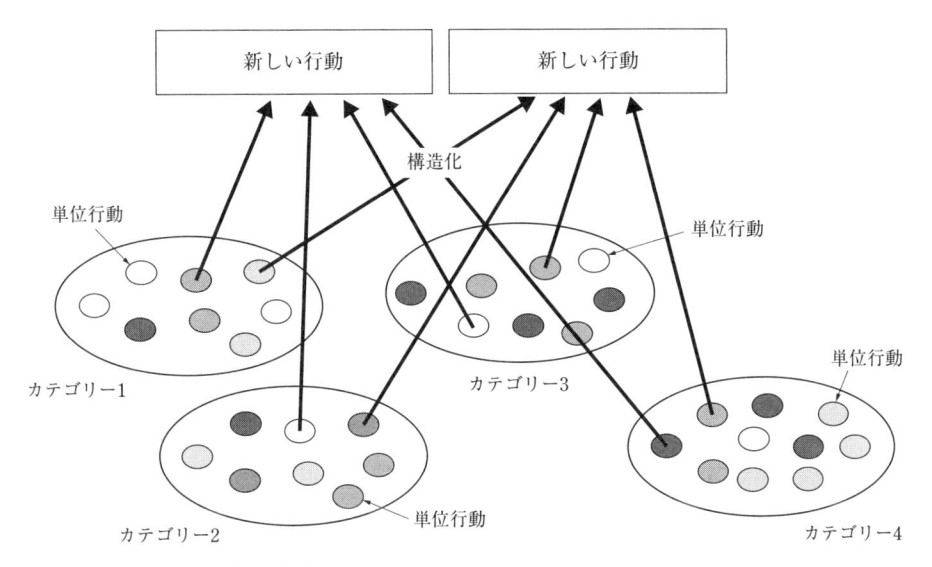

図3.6　行動の構造化の概念図.

　経済的制約，技術的制約，政治的制約，文化的制約，環境条件，社会の受容性など，さまざまな制約条件を考慮に入れて，状況に合わせた最適な設計ができるようなシステムを構築することが必要である．これらによって，新しい行動を設計すること，設計のためのシステムを構築することは，より多くの行動を起こす駆動力となるであろう．

　分析による行動の分解，統合による行動の設計は，行動に関する知識の構造化といいかえてもよい．前節で紹介したサステイナビリティ学の知識構造のなかで，課題と解決策の連鎖の部分にあたる知識の一部を構造化することにあたるであろう．また，それぞれの要素を対象となる人の行動レベルに合わせて記述することが重要である．

　たとえば，「量子ドット構造により太陽電池の理論変換効率が上がる」という知識があっても，少数の技術者を除いては行動に移せない．すなわち，量子ドット構造をもつ太陽電池をつくるという単位行動は，ほとんどの人にとっては行動につながらない．しかし，「太陽電池を設置することで月々の電気代を90％削減できる」とか，「設置費用は15年でもとが取れ，以降，年間15万円の収入が見込める．太陽電池の耐用年数は平均20年以上はある」という知識があれば，太陽電池を設置するという行動を起こす人は増え

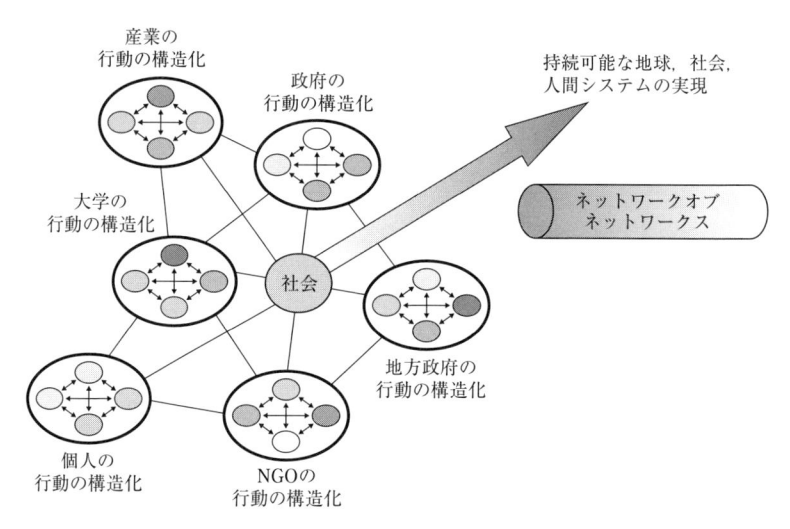

図3.7 行動の構造化による持続可能性の実現.

るだろう．また，インバーター照明の導入や，エアコンの買い替え，窓の断熱化に至っては，それぞれ，1年，5年，10年でもとが取れるということを知ったならどうであろうか．

行動の構造化の要点は，各人に合わせた単位行動を記述すること，各人の条件に合わせた行動を設計するシステムを構築すること，行動の効果を測定もしくは予測し，実感できるような見せ方をすること，学術知識にもとづいたきちんとした情報を広く普及させることで，持続可能性の達成に向けた，少しでも多くの行動を誘発することである．

しかし，それだけでは個別の行動は設計できても，社会を動かす大きな動きとはならない．行動の構造化の最後の要素は，集合的・協調的行動の促進である．そのためには多様なステークホルダーの行動を構造化しなければならない（図3.7）．上で紹介した例で説明した事例は消費者の行動の構造化であったが，それだけでは目標は達成されない．政府の行動の構造化，地方自治体の行動の構造化，企業の行動の構造化，市民の行動の構造化，NPOやNGOの行動の構造化，大学の行動の構造化，国際社会の行動の構造化など，行うべき事項はたくさんある．

たとえば，政府が行うべき行動としては，首相の宣言や，政府の一貫した

方針説明を通じて，新たな国家づくりの方針を明示することで国全体を強く先導することや，エネルギー政策や航空政策，国際連携などの分野における具体的な施策の推進，規制改革，税制改革，制度創造，情報共有・発信の仕組みづくりなどがあげられる．

　自治体の役割としては，市民や企業，NPO，自治体，地域の大学をはじめ，すべての組織が暮らしの視点から一体となった新しいエネルギーシステムや交通システム，エコ居住区，在宅診療などの社会実験の実施やそれらの社会的な変革の促進を，特区などの制度を活用しながら各地域で展開することがあげられる．

　多様なステークホルダーの行動の構造化を行うことで，集合的・協調的行動を促進できることが期待できる．集合的・協調的行動の促進のためのもう1つの仕掛けがネットワークオブネットワークス（Network of Networks；NNs）である．

3.4　行動の構造化による持続可能な社会の実現

3.4.1　ネットワークオブネットワークスと行動の構造化

　ネットワークオブネットワークス（NNs）とは，1つのネットワーク自体を1つのノードとして構成されたネットワークである．ネットワークは通常，情報や知識を交換し，ともに行動するコラボレーションの場として期待される．また，近しい人や組織どうしからなる密なネットワークでは価値観や規範が共有され，信頼関係が醸成され，しばしば，非常に居心地がよい．しかし，そのような近距離交際により構成された単一のネットワークのメンバーで，普段とちがう種類の仕事をするのはなかなかむずかしい．それは，目的を達成するのに必要な，十分な知識なりスキルなりを確保するのがむずかしいからである．そのようなネットワークでは，参加者はすでに顔馴染みのメンバーであることが多く，なにかを遂行し達成するための最適なネットワークが組まれることはまれである．したがって，おたがいに隔たったネットワークどうしをつなげ，より高次のネットワークへと統合する仕組みが必要である．それがNNsである．

　NNsは多層的でさまざまなレベルが存在する．たとえば，1つの学術領域

のなかで，国がちがう，アプローチがちがう，競争相手であるなどの理由で隔たった複数のコミュニティをつなぐのも NNs であるし，分野横断的な取組を促進するために異なる学術領域のコミュニティをつなぐのも NNs である．これはなにも学術コミュニティだけに限らない．産業界，市民や市民団体，行政のそれぞれのなかにネットワークは形成されているし，それぞれのなかでの NNs も必要である．さらに，学術と産業，行政，社会をつなぎ，超領域的な取組を促進するためにも NNs は機能しうる．

　NNs が存在することで，公式・非公式のネットワークを通じたさまざまな効果が期待できる．その1つが，情報や知識の共有である．現在ではインターネットなどのメディアを通して，さまざまな情報にアクセスできる．多くの情報や知識を対面的なもしくはバーチャルなコミュニティを通して獲得できる．しかし，固定的なネットワークのなかで得られる情報はしばしば固定的である．またどのような情報にアクセスするか，どのように情報にアクセスすればよいかというメタな情報は，とくにそのコミュニティに固有であることが多い．

　したがって，あるコミュニティにおいてよく知られている常識的なアイデアが別のコミュニティにとっては非常に斬新でイノベーティブなアイデアとなり，新たな解決策が生まれる可能性がある．また逆に，そのコミュニティでは知られていないが，別のコミュニティではすでに解決策をもっている課題を発見する場合もあるであろう．3.2節で紹介したスワンソンのいう未知の公共知とよぶべきものである．バートはこのような情報やその価値の落差は，近距離的で固定的なネットワークへの偏重にあるとし，既存のネットワークどうしの間には，「構造的な溝」があると論じている（Burt, 1992）．NNs は，そのような溝を埋めるものとして期待できる．

　NNs のもう1つの効果は，信用や正統性，認知度といった認識上の要素に関するものである．ちがうコミュニティの間には価値観や規範が共有されず，したがって，信用が醸成されにくく，集合的・協調的な行動への障害となりうる．たとえば，政策的意思決定は，関係するステークホルダーのなかで十分に議論されず，一部の科学者や官僚や政治家の間の議論で決まったことがたんに決定として通達され，メディアを通して広まるだけであることが多い．また，そのような決定がどのような情報にもとづき，どのようなプロ

セスを経て決まったものなのか，多くの場合，不明である．そのような状況下では，その意義や意味，必要性や効果について十分に確信することができず，結果として社会のなかでコンセンサスを形成する際の障害となるであろう (Sumi, 2007)．そのような弊害をなくすために，さまざまなアウトリーチ活動やコンセンサス会議，パブリックコメントといった取組も行われ始めているが，まだまだ限定的である．適切な NNs の構造をデザインし，構築することで，構造的な溝を埋め，情報の共有や信用の醸成を進め，集合的・協調的な行動への足がかりを少しでもつくっていくことが肝要であろう．

このような主張はなにも新しいものではない．ネットワークの有するこのような価値はソーシャルキャピタルとして提唱され，広く認識されるようになってきている (Coleman, 1990)．NNs を地球温暖化やその他のさまざまな広範な課題の解決にいかしていこうという試みはすでに 1990 年代の前半から行われている (Peters et al., 2008)．しかし，このようなさまざまな効果が期待される一方で，世に存在する多くのネットワーク（たとえば，異業種交流会や勉強会，さらには飲み会など）で，実質的に機能しているものは少ないのが現実である．

では，ネットワークが機能するためには，なにが必要であろうか．ファディーバによると，コミットメントの確保，目標が明確であること，責任が明確で分散されていること，適切なステークホルダーが参加していること，中間目標が設定されていること，目標の達成度がモニタリングされていること，インセンティブと罰則が決められていることである (Fadeeva, 2004)．さらには，参加者にとって魅力的で洞察力に富んだシナリオが設定されていること，シナリオを達成するための知識が十分にあること，目標に向けたアクションを促すリーダシップと正統性があることといったことが考えられる．これらは，3.2 節で紹介したサステイナビリティ学の構造と重なる部分も多い．

3.4.2　持続型社会の実現に向けた構造化の役割

本章では，サステイナビリティ学において，分野横断的な取組が必要であること，そのような取組を支援するための構造化された知識の重要性，ならびに，持続型社会を実現するためには知識をもって行動に移すこと，さらには行動の構造化が不可欠であることを論じた．

知識の構造化は，サステイナビリティ学のような分野横断的な取組を必要とする分野ではとくに重要である．しかし，1940年代にはすでに，ブッシュ（Bush, 1945）やボーデら（Bode *et al.*, 1949）が，研究者の専門化によって分野横断的な研究が困難になっていることを指摘している．また，知識量の指数関数的な増加とそれにともなう専門化・細分化の弊害についても，すでに1960年代にプライスによって指摘されている（de Solla Price, 1963）．半世紀も前から，最先端の知識を追究するには専門化はもちろん不可避であることを理解したうえで，必要な知識の全体像を把握した研究者を育成せねばならないと繰り返し叫ばれているのである．

半世紀前の状況と現代の状況のなにがちがうのか．1つには，知識の総量が半世紀前に比べ，爆発的に増え，知識の構造化を行うべき必然性が高まったこと，もう1つは情報技術の発展である．

たとえば，気候変動に関してはIPCCが多くの知識を構造化し，報告書としてまとめている．その出版には，130カ国以上からの450名超の代表執筆者，800名超の執筆協力者，および2500名以上の査読者が参加している．しかし，気候変動に関する知識を構造化するだけでも，その規模の取組が必要なのである．サステイナビリティ学の対象である，地球システム，社会システム，人間システムにわたる幅広い領域を対象に，知識を構造化するにはより多くの努力が必要であろう．このような取組を行う専門家が必要なことは明らかであるが，専門家がいれば解決するという問題でもない．

小宮山（2004）は，知識の構造化は，「構造化知識，人，IT（Information Technology, 情報技術）およびこれらの相乗効果によって，知識の膨大化に適応可能な，優れた知識環境を構築すること」と述べている．すなわち，まず専門家を含む多様な集団とITとの掛け算で構造化された知識を構築することが重要である．そのうえで，人々のニーズに合わせたかたちで，また知識の背後に隠された膨大な知識を必要に応じて参照できるかたちで，だれでも利用可能な優れたシステムとしての知識環境を提供していくことが必要となるであろう．

もちろん，ITだけでは不十分である．人は，自らの精通した分野，すなわち専門分野に関しては，ITシステムでは簡単には実現できない高度で柔軟な構造化を具現化する．いっぽう，ITはスピード，容量，規模で人を凌

駕する．ここで重要なのは，構造化知識，人，IT の三位一体の相乗効果である．人と IT だけではたんなる検索エンジンの域を出ない．構造化知識と人だけでは，専門家が集まって手づくりで編纂した百科事典の域を出ない．構造化知識は IT だけで自動的に生成されるものではなく，人の直感や俯瞰能力を交えることが不可欠である．構造化知識と IT だけでは構造化知識を進歩させることができない．IT で実装された構造化知識を人が使用することにより，使う人の頭の構造化領域が広がり，漠とした知識構造も明確になり，構造化知識のさらなる充実に寄与できる．構造化知識の知識基盤システムが実現すれば，学術研究，教育，産業において，知識の発見，吸収，利用の利便性が現在に比べて格段に向上するだろう．

そのような IT システムを構築し，利用する専門家を育てなければならない．そのための教育システムの整備や，そのような専門家が活躍できる雇用環境を生みだすことも必要である．

たとえば，新しい行動の統合をデザインするためには，世界で行われているさまざまな取組事例を分析し，単位行動を抽出し，各人や各地域の状況に合わせて組み合わせることが必要である．また，経済的制約，技術的制約，政治的制約，文化的制約など，さまざまな制約条件を考慮に入れた設計手法を開発しなければならない．さらに，そのような知識を構造化するには，複数の領域にまたがって分野横断的に活躍できる専門家や，それを IT システムに組み上げる専門家が必要である．そのシステムを個々の消費者が利用するというのはおそらく現実的でないだろう．個々の消費者の希望や制約条件に耳を傾けながら，システムを利用し最適なデザインを提案する環境コンシェルジュが必要となるであろう．また，人々が持続可能性の問題を自分の問題と考えられるような，身近な情報を提供するとともに，そのような情報に対するアクセスを容易にする知識と情報インフラを提供すべきである．

持続可能な地球，社会，人間システムを実現するために，知識の構造化，行動の構造化により，少しでも多くの行動を実行に移し，その結果を目に見えるかたちで示すことで，より多くの行動を誘発し，集合的・協調的な社会的ムーブメントにしていかなければならない．そのような試みとして，欧州の「都市コミュニティイニシアティブ」や日本の「プラチナ構想ネットワーク」がある．

プラチナ構想ネットワークは，日本中に，エコでバリアフリー，ひとづくりと雇用で快適なまち，すなわち，プラチナ社会の実現に向けて全国の自治体と協働でまちづくりを行う社会実験である．すでに，青森県，福井県，千葉県柏市などが動き始めており，多くの都市から参加したいという声が寄せられている．各地の都市が共有する課題も多いと考えられるので，ネットワークづくりも大切である．これにはITの活用が欠かせない．各地域の実験結果を要素分解して，全国各地で活用可能なものとしてプールし，自由にアクセスできるような環境を整備していく必要がある．

日本は小さな国ではあるが南北に長く，しかも中央に山脈があるために，各地で多様な暮らしが営まれている．したがって，中国とほぼ同緯度に位置する日本の多様なプラチナシティは，必ずや中国各地の都市にとってよいモデルを提供することができる．各自治体が中国をはじめアジアの各地の都市と姉妹都市提携を結び，21世紀の生活スタイルを率先して海外に提供することが可能となるのである．

持続可能性が大きな社会的課題であるという認識はかなり共有されてきた．しかし，問題解決に向けた取組はいまだ不十分である．持続型社会を構築するためには新たなインフラや社会システムの構築を含め，ときには数十年といった時間を要する．生態系の持続可能性の問題，エネルギーの持続可能性の問題，気候の持続可能性の問題，まだわれわれには時間が残されている．しかし，十分に残されているわけではない．持続性の破壊される速度と社会の対応する速度の差が課題である．

サステイナビリティ学に関して多くの研究がなされるようになり，研究成果も蓄積してきた．しかし，個々の取組はいまだ不十分で，持続可能性の問題を解決するためにはまだ多くの知識が不足している．また，分野横断的取組や，膨大な個別の知識を収集し，体系化し，構造化する取組，行動を設計し，それを実際の行動に移していく行動の構造化はようやく緒に就いたばかりである．

持続可能な地球，社会，人間システムを実現するために，サステイナビリティ学が行うべき課題は山積しており，今後よりいっそう，幅広く政策，産業，社会と連携し，課題を解決する超領域的取組を強力に推進していく必要がある．

文　献

Bode, H., Mosteller, F., Tukey, F. and Winsor, C. (1949) The education of a scientific generalist. Science, 109：553-558.

Burt, R. (1992) Structural Holes. Harvard University Press, Cambridge.

Bush, V. (1945) As We May Think. Atlantic Month, 101-108.

Coleman, J. (1990) Foundations of Social Theory. Harvard University Press, Cambridge.

Daly, H. (1990) Towards some operational principles of sustainable development. Ecol. Econ., 2：1-6.

de Solla Price, D. J. (1963) Little Science, Big Science. Columbia University Press, New York.

Dretske, F. (1981) Knowledge and the Flow of Information. MIT Press, Cambridge.

Fadeeva, Z. (2004) Promise of sustainability collaboration：Potential fulfilled? J. Clean. Prod., 13：165-174.

Gruber, T. R. (1995) Towards principles for the design of ontologies used for knowledge sharing. Int. J. Human-Comput. Stud., 43：907-928.

Hay, J. and Mimura, N. (2006) Supporting climate change vulnerability and adaptation assessments in the Asia-Pacific region：An example of sustainability science. Sustain. Sci., 1：23-35.

Hix, C. F. and Alley, R. P. (1958) Physical Laws and Effects. John Wiley & Sons, New York.

Kajikawa, Y. (2008) Research core and framework of sustainability science. Sustain. Sci., 3：215-239.

Kajikawa, Y., Abe, K. and Noda, S. (2006) Filling the gap between researchers studying different materials and different methods：A proposal for structured keywords. J. Info. Sci., 32：511-524.

Kajikawa, Y., Ohno, J., Takeda, Y., Matsushima, K. and Komiyama, H. (2007) Creating an academic landscape of sustainability science：An analysis of the citation network. Sustain. Sci., 2：221-231.

Kajikawa, Y. and Mori, J. (2009) Interdisciplinary Research Detection in Sustainability Science. Paper presented at workshop, 12th International Conference on Scientometrics and Informetrics (ISSI2009), Rio de Janeiro, 14-17 July. Unpublished.

Komiyama, H. and Takeuchi, K. (2006) Sustainability science: Building a new discipline. Sustain. Sci., 1：1-6.

National Research Council (1999) Our Common Journey：A Transition towards Sustainability. National Academic Press, Washington, DC.

Parris, T. M. and Kates, R. W. (2003) Characterizing a sustainability transition:

Goals, targets, trends, and driving forces. Proc. Natl. Acad. Sci. USA, 100：8068-8073.

Peters, D. P. C., Groffman, P. M., Nadelhoffer, K. J., Grimm, N. B., Collins, S. L., Michener, W. K. and Huston, M. A. (2008) Living in an increasingly connected world：A framework for continental-scale environmental science. Front. Ecol. Environ., 6：229-237.

Rosenblueth, A. and Wiener, N. (1945) Role of models in science. Phil. Sci., 12：316-322.

Shamsfard, M. and Barforoush, A. A. (2004) Learning ontologies from natural language texts. Int. J. Human-Comput. Stud., 60：17-63.

Sumi, A. (2007) On several issues regarding efforts toward a sustainable society. Sustain. Sci., 2：67-76.

Swanson, D. R. (1986) Fish oil, Raynaud's syndrome, and undiscovered public knowledge. Perspect. Biol. Med., 30：7-18.

United Nations World Summit on Sustainable Development (UNWSSD) (2002) WEHAB Framework Papers. http://www. un. org/jsummit/html/documents/wehab_papers. html

World Commission on Environment and Development (WCED) (1987) Our Common Future. Oxford University Press, Oxford.

明日香壽川・河宮未知生・高橋潔・吉村純・江守正多・伊勢武史・増田耕一・野沢徹・川村賢二・山本政一郎（2009）地球温暖化懐疑論批判．IR3S/TIGS叢書．

小宮山宏（1999）地球持続の技術．岩波書店．

小宮山宏（2004）知識の構造化．オープンナレッジ．

第4章
サステイナビリティ学とイノベーション
――科学技術を駆使する

鎗目 雅

4.1 サステイナビリティに向けたイノベーションの重要性

　近年，社会・経済活動において知識にもとづく活動の重要性は飛躍的に高まっており，それは「知識ベースの経済」という概念によって各国に共通する認識となっている（Foray and Lundvall, 1996）．科学技術に関する知識の内容は急激に高度化・専門化が進み，各学問分野の専門領域が細分化する一方，社会におけるさまざまな問題は複雑化・不透明化しつつあり，1つの組織が全体像を完全に把握することはもはや不可能となりつつある（小宮山，2005）．
　したがって，イノベーションを創出していくにあたって，それぞれの組織が独立にクローズドなかたちで知識を生産することに加えて，行動主体が個別の境界を越えて知識の創出・伝達・活用を共同して行うことが必要になってきている（Freeman, 1991；馬場・鎗目，2007；Baba et al., 2010）．企業活動においても，知識生産のネットワーク化を基盤としたオープン・イノベーションの役割に関する議論が活発に行われている（Chesbrough, 2006）．
　伝統的に日本企業は，組織内で人材を研究開発，製造，販売など異なる部門間で移動させることによって知識の共有を図ってきた．今後は，そうした連携を組織の内外に効果的につくりだし，科学技術に関する知識をユーザーのニーズと適切なかたちで組み合わせることによって，社会における新しい機能を生みだし，有効に活用していくことが求められる（Branscomb et al., 1999；Mowery et al., 2004）．
　それは，社会的価値を実現するイノベーションの創出においてきわめて重要である．現在，エネルギー・水・食料資源にかかわる長期的な制約から，地球規模でのサステイナビリティに対する懸念が世界的に強まっている．こ

のような科学技術，経営，政策，制度が相互に複雑に絡みあう問題に対しては，各個人や組織がそれぞれ単独で対処していくことがきわめて困難であり，ネットワークを通じて多様な主体が共創的に取り組むことにより，社会レベルでのイノベーションを創出していかなければならない（鎗目・馬場，2007 ; Yarime et al., 2008）．

　伝統的に環境問題とイノベーションの関係を考える際には，理論的な研究にもとづいて，汚染物質の排出レベルを指定するような直接規制よりも，税・課徴金などの経済的な政策手段のほうが基本的にイノベーションをより促進すると議論されてきた．しかしながら，実際の経済的手段の導入においては，漸進的技術の普及にはそれなりに効果があったものの，革新的な技術の開発にはほとんどつながらなかったと考えられている．イノベーションは複雑な要因が絡まって起こる現象であり，1つの政策手段を導入することによって劇的にイノベーションが起こるということはなく，いくつかの政策手段の組み合わせによってそれぞれの欠点を補うことが求められる．

　近年は，世界各国においてさまざまな環境政策が導入されるにつれて，そうした環境政策が産業競争力に対してどのような影響をおよぼすかということが議論されるようになった．主として経済学者は，厳しい環境規制は企業に対して生産に貢献しない用途に大きな資源を投資することを要求するため，結果としてそうした規制が存在しない国・地域における企業に対して競争力が低下すると論じてきた（Palmer et al., 1995）．いっぽう，経営学者の間では，厳しい環境規制は，適切に設計され慎重に実施された場合には，企業に研究開発活動を促すことによってイノベーションを創出し，長期的には競争力を増大させるという主張もなされてきた（Porter and van der Linde, 1995）．後者は，提唱者のマイケル・ポーターの名前をとって「ポーター仮説」とよばれるが，その検証のためには，環境規制がイノベーションに与える影響に関して，詳細な実証研究の蓄積が求められる（Jaffe et al., 1995）．

　全般的にみて，これまでの既存研究は，環境規制がイノベーションに与える影響に関して明確な結果を示しているとはいいがたい．それは環境保全と経済発展の両者をめざすという目標の達成は，必ずしも容易ではないことを反映しており，今後イノベーションとサステイナビリティの関係をより詳細に分析していく必要がある．

そのためには，環境規制が技術開発の主体の意思決定や対応戦略におよぼす影響について，よりミクロなレベルで分析することが有効と思われる．非常に強制力のある環境規制は，基本的に新しい技術の開発を要求し，そのためのタイムスパンを前もって規定してしまうため，企業における研究開発活動に大きな不確実性をもたらし，そのために必要な知識を自らの組織内でまかなうことができない場合も多い．そのためにはほかの企業や大学などとのネットワークが重要となり，とくに複雑な技術システムを有する産業においては，異なる組織間に分散されている知識をいかに統合していくことができるかが，競争優位の源泉となってきている．社会レベルでのサステイナビリティには多様なステークホルダーが関与しており，より問題の複雑性が増しているため，政府・企業・消費者を巻き込んだシステムレベルでのネットワークを構築していかなければならない（Dijk and Yarime, 2010；Orsato et al., 2010）．

　これまで経済的な成長と環境への配慮は基本的にトレードオフの関係にあるととらえられることが多かったが，大学・企業・公的機関などが連携して戦略的な取組を行うことで，環境保全に貢献しつつ産業競争力を促進させるようなイノベーションに成功したケースもみられるようになっている（Yarime, 2007, 2009b, 2009c）．今後サステイナビリティの追究にあたっては，いかにして長期的な観点から個別の経済的な利益と社会的な価値のバランスを図っていくかが大きな課題となる．多様なアクターが有機的に連携し，科学的知識をユーザーの社会的なニーズと適切に組み合わせて，社会において有効に利用していくためには，サステイナビリティ・イノベーションのダイナミックなメカニズムを理解し，将来の制度設計に向けて具体的な提案をしていくことが必要である．

　本章では，サステイナビリティ学における学問的アプローチの概要を紹介し，自然・人間・社会システムの間の複雑でダイナミックな相互作用を理解するための新たな概念や方法論の開発が求められていることを明らかにする．その1つの可能性として，知識の循環システムという観点からサステイナビリティに向けたイノベーションをとらえ，さまざまなアクターが多様な知識の生産・伝達・活用にかかわるプロセスを分析することについて考える．具体的な例として，太陽電池と水処理膜技術のケースを取り上げ，知識循環シ

ステムにおける不整合性を議論する．最後に，将来のサステイナビリティ・イノベーションに向けた学融合的アプローチを検討する．

4.2 サステイナビリティ学の概念と方法

　地球レベルでの持続可能性を追求する際の対象空間は広範囲にわたる．次世代を含む長期間におよぶ要素間の相互依存関係は非常に複雑である．そして不確実性がきわめて大きいために，異なる分野間での共創が本質的に必要とされる．そこで自然・人間・社会システムの間の相互作用に関する基本的な性質を理解するための新しい学問的アプローチとして，サステイナビリティ学が提唱されている．従来からある学問体系ではうまく取り扱うことができなかった現象に対して，新たな概念や方法論を活用して解明を進めていくとともに，社会におけるさまざまな問題に対応するための具体的な解決策の提示・実行へ向けて貢献していくことが目標として掲げられている．

　サステイナビリティ学を発展させるためには，学術的な概念や方法論を精緻化し，理論的なモデル化と実証的な研究を進めていくことがきわめて重要である．その際，ほかの学問領域がどのようにして発展してきたのかを探ってみるのも有益であろう．

　たとえば，化学工学の分野では，さまざまな化学プロセスを反応，分離，蒸留，抽出，乾燥などの個別操作の組み合わせとして理解する「単位操作」（ユニット・オペレーション）という概念が，この分野の発展に重要な役割を果たした．単位操作という概念は，1915年にマサチューセッツ工科大学（MIT）のアーサー・D・リトルによって提出された．それはやがて，化学工学実践学部（スクール・オブ・ケミカル・エンジニアリング・プラクティス）の設立につながり，1920年には独立の学科がW・K・ルイスによって設立された．1923年には，ウィリアム・ウォーカー，およびウィリアム・マクアダムスによって，「化学工学原理」（プリンシプル・オブ・ケミカル・エンジニアリング）という書籍が出版され，それは教科書としてその後のこの分野の発展に大きな影響力をもつことになった．

　このなかで単位操作という概念は，いわば「焦点装置」として機能し，研究の目的や対象を明確にするうえで大きな役割を果たした．大学の研究者は，

こうした概念・方法論を産業界などが実際に直面している個々の具体的な問題に対して応用し，それによって得られた経験を大学にもち帰って一般的なかたちで知識化して教育・研究にフィードバックすることで，化学工学はより精緻な学問体系として成長してきたといえる．

　サステイナビリティ学においても，どういう概念・方法論を提起し，どのような問題を対象として取り組んでいくのか，学融合的な観点から伝統的な学問分野における概念化・方法論とは異なるかもしれないという可能性も含めて，これから議論を積み重ねていく必要がある．

　これまでのサステイナビリティ学に関する学術的な議論では，おもにシステム的な観点から，自然・人間・社会システムの間の複雑でダイナミックな相互作用の解明ということがその主要なテーマとしてとらえられている (Kates et al., 2001 ; Komiyama and Takeuchi, 2006 ; Ostrom, 2007)．

　たとえば，インディアナ大学の政治経済学者で，2009年ノーベル経済学賞を受賞したエリノー・オストロム，以前はオレゴン州立大学の海洋生物学者で，現在は米国海洋大気庁（NOAA）長官のジェーン・ルブチェンコ，スタンフォード大学の気候学者であるステファン・スナイダーらは，「複合人間・自然システム」という観点から共同で論文を書いている（Liu et al., 2007）．彼らは，それぞれの学問分野の概念・方法論を活用しながら，世界の具体的な地域における自然システムと人間システムの間の複雑な相互作用を検討することで，フィードバック・ループ，非線形性，閾値，履歴効果，頑強性などの構造的な特徴を見出した．

　たとえば，ケニアのある地域では，過去100年以上にわたって地域の住民が森林を農地に転換し，土地に十分な栄養を与えることなく集中的に耕作を行ってきた．それによる土地の劣化は穀物の収量の低下と食物生産の不安定化につながり，その結果，さらに森林の農地への転換を促すことにつながるという，フィードバックのメカニズムがみられる．

　中国・四川省では，人々の居住地から燃料に使う薪を集める場所までの距離とパンダの生息地の間には単純な増大・減少とは異なった関係がみられる．その距離が短いときには，薪の収集に要する面積が小さくなるため，パンダの生息地はより保護される．いっぽう，距離が非常に長くなった場合には，薪の収集は広い地域に分散して行われるため，パンダの生息地は比較的早く

回復する．約1800 mの間隔がある場合に，パンダの生息地の保護がもっとも脆弱になるということで，その関係はある閾値をもった非線形なものであるといえる．

また，ブラジルのアルタミラでは，1970年代に政府によって導入された土地所有システムが現在の土地利用の空間パターンや人間活動の分布などに大きな影響を与えており，時間的な履歴の効果がみられる．さらに，こうした複合的な自然・人間・社会システムの多くの側面は，さまざまな条件の変動があった場合にも比較的安定的な性質を示しており，そうしたシステムはある程度の頑強性を備えていると考えられる．

しかし，そうした特徴がどのような相互作用によって生じてくるのか，その具体的なメカニズムに関してはまだ詳細な分析が行われているとはいえない状況である．また，これまで行われてきた実証研究では，アフリカ，アジア，南アメリカなどにおいて，産業化があまり進んでおらず，比較的自然のままに近い状態が保たれているような地域を境界条件として設定し，そのなかでの自然・社会システムの相互作用を詳細に分析したケーススタディが比較的多い．

いっぽう，産業が高度に発達し，科学技術に関する知識の進歩が非常に大きな役割・機能を果たしているようなケースについて，詳細な分析を行った研究は少ない．そこでたとえば，ある個別の技術，もしくは産業セクターを境界条件としてとり，自然システムと社会システムの相互作用においてイノベーション・プロセスがどのようにかかわってくるのかを検証してみることで，既存研究とはちがった観点から新しい知見が得られることが期待される．とくに1987年に世界環境開発委員会（通称，ブルントラント委員会）が，報告書「われわれ共有の未来」において「持続可能な開発」（サステイナブル・ディベロップメント）の概念を提唱して以来，環境保全と経済発展を長期的に両立していくことが必要不可欠であるという認識が世界中で共有されるようになっている．

そこで長期的にサステイナビリティに向けて取組をしていくうえで鍵となるのが，さまざまな地域・産業分野において環境に配慮したイノベーションを生みだし，広く社会で活用していくことである．そのためには，科学技術に関する知識の創出・普及・活用を支える制度を整備することがきわめて重

要な意味をもつ．

　アジア・アフリカなどの開発途上国においては，外部に存在する先端的な知識を効果的に導入し，また地域の実情にねざしたかたちで知識を活用していくために，大学など高等教育機関の果たす役割は非常に大きく，先進工業国とのパートナーシップを構築することが有効であると考えられる．

　いっぽう，日本，米国，欧州を含めた先進国では，環境分野への投資を行うことで，雇用も創出し経済の成長をめざすという，いわゆるグリーン・ニューディール政策が大きな関心となっている．今後日本にとって，サステイナビリティ・イノベーションをどのように創出し，アジアを含めた新興国と連携してどのように活用していくかという課題は，実践的な意味においてもたいへん重要になってきている．

4.3　社会における知識の循環プロセス

　サステイナビリティ学の意義に関して，吉川弘之が非常に示唆に富む指摘をしている（第2章参照；吉川，2006）．これまで個別に細分化されたかたちで成長した知識が，それぞれの相互依存性を十分に考慮されずに活用されることになった結果，自然環境・人工環境を含めた総体的な環境の劣化を招くに至っているという認識にもとづいて，そうした自然・人間・社会が複雑な相互作用を行うメカニズムを解明し，システム全体の持続可能性を確保していくための「持続性科学」（サステイナビリティ学）が求められていると論じているのである．

　彼が指摘するように，開発性科学から持続性科学への移行においては，「不変な存在」から「変化の過程」が研究の中心的な対象となり，その「変化の規則・メカニズム」を解明することが主要な役割となる．すなわち，開発性科学では，基本的に対象を局所的な空間・時間に限定して考えるのに対して，持続性科学では大局的で長期的な変化を取り扱うことが本質的に重要な問題となる．その複雑で不確実性の高い関係を解明するためには，自然，人間，社会に関する膨大かつ多様な情報・知識の獲得とその適切な処理が必要不可欠であり，これまでとは異なったデータの収集方法と解析手段が求められる．

より具体的に考えてみると，サステイナビリティ学が検討すべき重要な対象は，自然に関する科学的な知識の急激な進歩が，多くの分野における技術的な開発と普及を通じてイノベーションを引き起こし，それが長期間にわたって社会や環境に広範な影響を与えていくというダイナミックなプロセスである．このように，イノベーションを，多様な知識が社会的な制度環境のもと，異なるアクターによって生産・伝達・活用される知識循環プロセスという観点からとらえると，そこにはさまざまな過程が存在し，それらがたがいにフィードバック作用を受けながら，ダイナミックな関係性をもっているシステムとして考えることができる．

そうした知識循環プロセスに含まれるのは，たとえば，ある種の問題が社会的に認識される過程，科学者が研究活動を通じて新しい知識を生みだす過程，それが技術の開発と普及を促す過程，その結果，社会において広範な影響を与える過程，その影響に対する反応・理解・合意が生まれる過程，さらにそれが研究者の知識創出に影響を与える過程，などである．それらの過程は，たがいに影響をおよぼしあいながらも，個別のメカニズムが作動しており，それぞれにおける知識の取り扱いの間で必ずしも整合性がとれているわけではない．

その結果，科学研究によって新しい知識が創出される量や速度にほかの過程における知識の受容・理解が追いつかない，あるいは社会的な問題に関する知識のニーズに対してその供給が間に合わないという可能性がある．また，科学研究によって生産される知識と，社会において要求される知識の間に，その内容や特徴に関して不適合が生ずることもありうる．こうしたギャップは，地球レベルで持続可能性を追求していくうえでの本質的な問題であり，その仕組みを明らかにすることは今後の重要な研究課題になると思われる．

知識循環のプロセスをよりくわしくみてみると，サステイナビリティにかかわるなんらかの問題が生じた場合，そうした問題が社会において認識されるプロセスにおいては，雑誌，新聞，テレビなどマスメディアにおける報道のほかに，最近ではインターネットによる情報発信など，さまざまなチャネルを通じて情報・知識が流れるようになっている．どのような問題がどのようにメディアを介在して人々に認識されるのかについては，たとえばメディアの言説分析などの研究が参考になる．

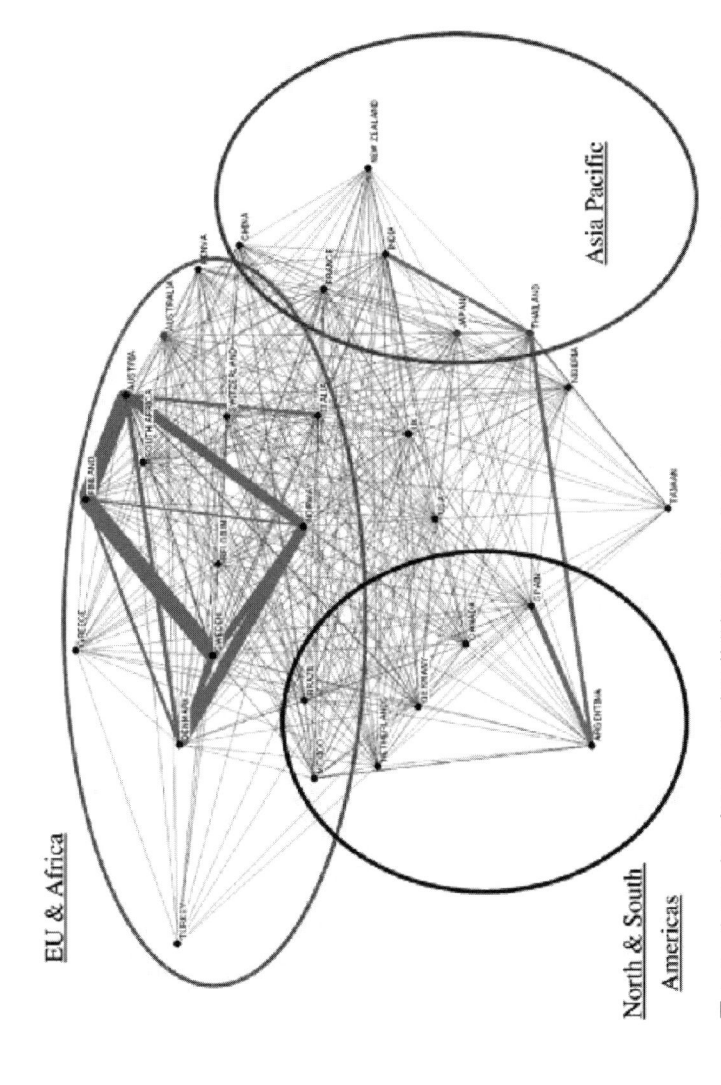

図 4.1 サステイナビリティに関する科学知識生産のネットワーク (Yarime et al., 2010).

そうした社会的な認識過程をともないながら，大学や研究機関では問題に対する研究活動が行われ，そのメカニズムなどの科学的知識が創出される．そこでの重要なアクターとしての科学者のふるまいや，それに対するインセンティブを分析するに際しては，科学社会学や科学経済学などの知見が非常に有用である（Dasgupta and David, 1994）．

とくにサステイナビリティに関係する科学研究の状況について，学術論文を計量書誌学的に分析した結果によると，科学的知識の生産において，大きく分けて南北アメリカ，欧州・アフリカ，アジアの地域ごとにクラスターが形成されているのがわかる（Yarime et al., 2010）．

これは，地理的・文化的な関連の深さが，知識の生産・伝達・共有において重要な役割を果たしていることを示唆している．とくにサステイナビリティの実現に向けて，多様な情報・知識を効果的に活用していくためには，適切な組織的・制度的な仕組みが必要となる．また，国際的な共同研究においては，特定分野に専門が偏る傾向がみられる．たとえば，中国では水資源に関する研究が比較的活発に行われている一方，日本ではそれほど重視されているわけではない．しかし，日中間の研究連携では，水資源がもっとも重点がおかれている．この結果は，中国で水資源に関連する大きな社会的ニーズがあり，それに対して日本側から過去の経験にもとづいた研究成果を活用して協力していると考えられる．

こうした科学的基盤に支えられながら，技術的な開発と製品の市場化が進められることになる．そこで重要な役割を果たすのは，おもに民間企業を中心としたアクターの行動である．そこでは，企業間での戦略的アライアンスをはじめとして，産学官連携を含めたアクター間で形成されるネットワークの役割が重要になってきている．

一例として，かつてドイツでは，大学・産業・公的機関にまたがって形成されたネットワークが有機化学を中心とする科学技術に関する知識を普及・共有させ，化学産業にとって有利な特許制度を導入するにあたって大きな役割を果たし，その後のイノベーションの創出に大きく貢献したといわれている（Murmann, 2003）．

また，鉛フリーはんだの開発においては，関連するアクター間でのネットワークの形成が重要な役割を果たしたと考えられる（鎗目・馬場, 2007；

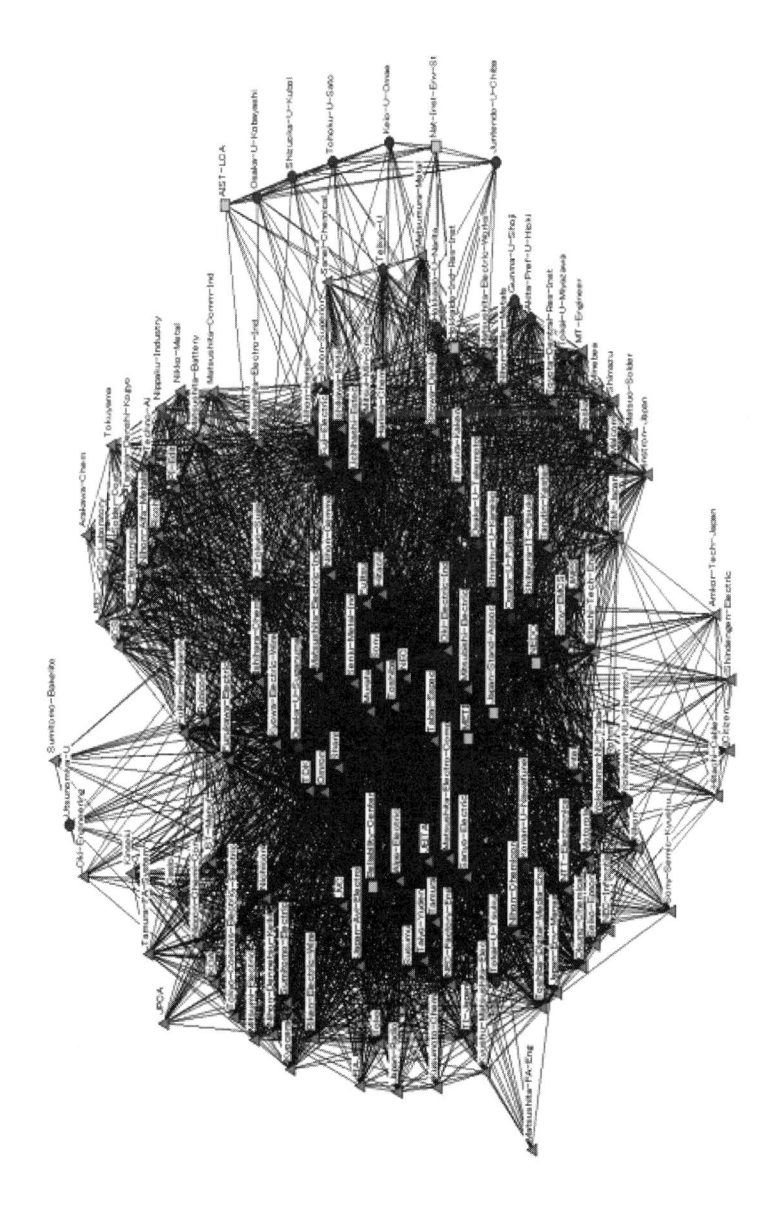

図 4.2 産学官連携を通じた鉛フリーはんだ研究開発ネットワーク (Yarime, 2009a).

Yarime, 2009a).鉛含有はんだに関する環境規制の導入の動きは米国で始まり，その後欧州で実現されたが，鉛フリーはんだの技術変化は，将来的に規制導入の見込みが薄い日本において本格化した．

日本では，大学研究者が主導する研究開発ネットワークが技術開発に関するロードマップを作成して，数多い関連業界が実現すべき技術変化の方向性と速度を明らかにし，開発に付随する不確実性を減少させることによって産学官連携を促進した．さらに，学会，また，関連業界団体を舞台に鉛フリーはんだの特性や評価に関して規格標準を設定する作業を通じて，大学研究者の調整によって大手電機電子企業，部品メーカー，はんだメーカー間で状況認識の統一と情報と知識の共有化が進んだ．鉛フリー化に関して形成された研究開発ネットワークは，複数プロジェクトの有機的連携によって稠密化し，はんだに関する規格標準を設定すると同時に，電気電子製品を対象とする鉛フリーはんだの実用化に貢献した．日本の産学官ネットワークは，欧米と比較して早い段階で相対的に密度が高くなっている特徴的な構造を示しており，その構造がもたらす情報・知識の共有と期待・行動のコーディネーションの機能によって，日本における鉛フリーはんだの市場化と電気電子製品への導入を促進したと考えられる（図4.2）．

また，研究開発活動はその性質上，アウトプットに関する不確実性は非常に大きく，生産設備導入などの規模やタイミングを見極めるのも容易ではない．研究開発のための大規模な投資に関する意思決定を行う際には，金融市場・制度を通じた情報・知識が大きな役割を果たすことになる．

こうした技術的な対応が社会に対して長期的に広範囲にわたる影響をおよぼしていくことになるが，そこでは環境保全や健康，安全性にかかわる評価をどうするのかという問題が存在する．技術や産業が環境に与える影響などについては，マテリアル・フロー分析やエネルギー・フロー分析を基盤としたライフサイクルアセスメント（LCA）がツールとして存在しており，おもに産業エコロジー分野などを通じて知識が社会に活用されている．さらに，新たな科学技術に対する社会からのフィードバックを理解するうえで，さまざまなアクターがどのように反応するかということを分析する必要があるが，その際にはいわゆる「科学・技術・社会」研究（STS）で議論されている知見が有用であると考えられる．

こうした知識循環のプロセスでは，多種多様な知識，アクター，制度が複雑な相互依存関係にあり，その関係はダイナミックに変化している．その特性，影響因子，メカニズム，速度，律速段階などを理論的・実証的に明らかにしていくには，通常の生態学的な意味でのエコロジーのアナロジーとして，「知識のエコロジー」のようなアプローチが有効であるかもしれない．そうすると，知識の成長のダイナミクス，多様性・不確実性・安定性のスケーリング，伝達・流通のメカニズムなどに関して，生態学で用いられてきた概念や方法論が応用できる可能性も考えられる．

4.4 イノベーション・システムの構造・機能・進化

イノベーション・システムを知識循環システムとして考えると，それを構成する要素を同定し，各過程に影響を与える要因やメカニズムについて，その基本的な特性を分析することが求められる．イノベーション・システムを構成する要素としては，循環するものとしての科学技術を含めた知識，それを生産・伝達・利用するアクター・ステークホルダー，さらにそれらを取り巻く環境としての制度が考えられる (Lundvall, 1992 ; Nelson, 1993 ; Malerba, 2004)．

サステイナビリティにかかわる課題には，環境，健康，安全，貧困など多様なものがあり，それらは通常複雑に絡みあって社会に存在している．そうした課題は，空間，時間などの特徴・性質によって分類することが可能である．たとえば，対象としている課題がある地域に特有のものなのか，それとも世界に影響がおよんでいるものなのか，その空間的な特徴を考えることで，対応するイノベーション・システムを地域，国，地球などの適切なレベルにおいて考慮する必要がある．また，時間的な観点からは，その課題が数年程度に限られるものなのか，もしくは気候変動のようにきわめて長期間にわたって起こっている現象なのかによって，検討すべきイノベーションの時間フレームが大きくちがってくる．

また，知識はそれが属する領域によっても，その性質が大きく異なる．たとえば，バイオテクノロジーや情報テクノロジーといった，ある特定の科学技術領域にかかわる知識が存在する一方で，実際に社会において解決が求め

られているニーズや応用分野に関する知識もある．

　知識にかかわる特徴として，物理的なものとはかなり異なった性質があげられる（Foray, 2004）．そのなかには，非競合性・非排除性にもとづく公共財的な性質や，再生産・移転が比較的容易であること，付加したり組み合わせたりして使うことが可能であることなどがあげられる．また，記号化・明示化されている度合い，集約・分散して存在する程度，商業化に貢献するまでの距離などによっても，分類することが可能である．こうした関連する知識の特徴は，学習効果や新規参入の容易さなどへ大きな影響を与えることを通じて，イノベーションの促進を考えるうえでの重要な要素となる．

　社会における知識循環のプロセスでは，個人や団体を含めたさまざまなバックグラウンドをもつアクターがかかわっており，その多様性・不均一性，そしてその間に形成されるネットワークや相互作用を理解することが重要である．大学，民間企業，公的研究機関，政府，非政府組織（NGO）などは，それぞれに対して働いているインセンティブが異なり，それに対応した独自の行動様式をもっている．このような多様なアクターが，交換，競争，協力といった関係を通じて相互作用を行っている．そうした関係には，比較的インフォーマルな人間関係のようなものから，契約を通じた取引などのフォーマルなものまで含まれる．こうしたアクターとその間のネットワークの存在は，サステイナビリティに関連する課題に向けたイノベーションを促進するにあたって，その障害・課題を分析する際に非常に重要である．

　知識とそれを扱うアクターを同定したうえで，それらを取り巻く制度的な環境を議論しなければならない．慣習，規則，規制，政策などの制度環境は，関係するアクターの期待や行動に大きな影響を与える．たとえば，市場における競争や知的財産権にかかわる法律や規制，教育や人材育成にかかわるシステム，さらに投資に関する金融システムは非常に重要な制度である．また，関連するアクターの間の関係性には，商業的な利益にかかわるものなのか，知的な優位性にかかわるものなのか，それとも倫理的な配慮にかかわるものなのかなど，さまざまなものが考えられる．こうしたいわば「ゲームのルール」は，イノベーションのプロセスとその結果に多大な影響をおよぼすため，そのメカニズムのちがいを理解することはきわめて重要である．

　これまでイノベーション・システムに関して，それを構成する主要な要素，

すなわち，知識，アクター，制度に着目して，おもにスタティックな観点から構造的な側面を議論してきた．しかしながら，イノベーションは本質的にダイナミックな現象であり，その進化のプロセスを解明することが重要である．そのためには，イノベーションに要求されるさまざまな機能を詳細に分析し，各機能がどのようなフェーズ，タイミングで顕在化するのかを議論する必要がある．

イノベーション・システムにおける機能としては，実験的・試験的な探索，知識の生産・展開，市場の同定・創出，社会的な正統性の獲得，必要なリソース（人材，資金など）の投入，正のフィードバック・メカニズムなどが考えられる（Bergek et al., 2008）．このような機能が適切に組み合わされて，イノベーションのライフサイクルが形成されると考えることで，サステイナビリティにかかわる各課題に対して，どのような機能がどのタイミングで重要になるのかを理解することが可能となる．

4.5 エネルギー・水に関するイノベーションの具体的なケース

知識循環プロセスという観点から，イノベーションという現象をシステム的にとらえ，より一般的なモデルを考えてみた．それにもとづいて，特定の技術領域や産業セクターに対象を絞り，科学技術，環境影響，金融などにかかわる知識が生産・伝達・消費されるプロセスを具体的に分析していくことが重要になる．

とくにサステイナビリティの実現に向けたイノベーションを創成していくにあたっては，さまざまな分野における知識がかかわることになるため，供給される知識と必要とされる知識に関する内容や性質，形式の不整合性が大きな問題となる可能性がある．ここではその具体的な事例として，エネルギーおよび水資源のケースを考えてみる．

近年，持続可能なエネルギー技術として，太陽電池が世界的に大きな注目を集めている．これまで日本は，エレクトロニクス産業の強固な基盤を背景として，太陽電池に関する技術開発および住宅などへの導入において世界をリードしてきたといわれるが，ここ数年は欧州，とくにドイツにおける普及が急激に進み，累積導入量では日本を抜いて世界一となるに至っている．な

かでも2007年に太陽電池産業で世界一になったドイツ企業Qセルズ社は，実質6年で世界一の生産量を誇る地位になり，また米国企業であるファースト・ソーラー社はきわめて短期間の間に世界3位にまでのぼりつめており，現在のプライスリーダーといわれている．この企業はカドミウム・テルル（CdTe）型の太陽電池を製造販売しているが，このタイプのバンド・ギャップは太陽光とマッチングがとれており，光電変換効率も製品レベルで10～11％に達している（櫛屋，2008）．

しかし，この製品は，カドミウム（Cd）という毒性が高い金属を含み，また酸性雨で溶ける可能性もあることから，環境保護の点から問題が大きいと考えられ，日本では商業化には至らなかった．松下電池工業などは世界最高の技術を開発したといわれているが，環境に対する影響を考慮して2000年ごろまでに撤退している．いっぽう，ファースト・ソーラー社は，各社の撤退が始まった1999年にソーラー・セルズ社から事業を引き継いだ．ちょうどそのころ，ドイツでは電力買い取り制度，いわゆるフィード・イン・タリフ政策によって，太陽電池で発電された電気を高値で買い支えることになったため，太陽電池の導入が急速に拡大していった．おりしも太陽電池用シリコン（Si）の供給不足問題が重なったこともあり，急成長をとげることになった．

カドミウムという有害物質を使用することへの懸念に対しては，カドミウム製錬の副生物として必ず生産される金属であることから，それを完全に回収しリサイクルすることで，永久に太陽電池として閉じたサイクルのなかで利用していくという方向で対応している．環境面にも配慮したサステイナビリティ・イノベーションとしてビジネス・モデルを構築することで，社会的な正統性を獲得しながらビジネスを展開する戦略をとっているのである．

もともと，日本の太陽電池開発では，新エネルギー・産業技術総合開発機構（NEDO）を中心としたコンソーシアムが形成され，関連する大学や企業の研究者がネットワークを通じて地道な研究開発を進め，その結果，基礎的な研究成果が着実に積み重ねられてきた（新エネルギー・産業技術総合開発機構，2007）．しかし近年になって，米国などでは太陽電池をはじめとしてエネルギー技術への民間投資が急激に増えてきている．ドイツにおいて市場が急速に立ち上がるのにあわせて，欧州，米国，中国などのベンチャー企業が，

数多くの投資家が出資するファンドを形成することで大規模な投資を行うことが可能となり，それを梃子にして太陽電池の生産量を急増させている状況である（張谷，2008）．

　このことは，イノベーション・プロセスとして，公的機関による基礎的な研究開発への着実なサポートが重要である段階から，民間企業による積極的な投資を通じた社会全体への普及・展開が中心となる段階へと質的に異なったフェーズに移行してきている兆候とみなすことができる．これまでの日本でのエネルギー技術の開発では，社会を支えるインフラの供給・管理という観点から，既存の大学や企業を中心としたアクターが，安定的な制度環境の下で科学技術にかかわる基盤的な知識を創出し，イノベーションにつなげていくという形式が主導的であった．今後は，金融市場を通じた情報・知識の流通をふまえて，ベンチャー型のアクターによる新たなイニシアティブを活用しながら，同時に新しい技術の社会的な正統性も獲得することで，社会レベルにおけるイノベーションを創出していくための制度設計が重要となると思われる．

　水資源の持続可能性に関しては，海水淡水化向けの逆浸透膜，下水処理などに使う精密濾過膜などの水処理技術が果たす役割はきわめて重要であり，東レなど日本企業が開発した技術は，世界的にみて非常に高い水準にある．しかしながら，その優れた技術が中国など水不足・水質汚染が深刻な地域において有効に活用されているとはいえず，ビジネスモデルとしても必ずしも成功しているわけではない．

　水資源の持続可能性を追求するにあたっては，需要の予測，水質の確保，水処理技術の開発，管理システム・インフラの構築，水利用のマネジメント，関連する法律・制度の整備など，多くの側面にわたる知識が求められる．日本国内で基盤技術にかかわる知識の創出・共有・利用において効果的に働いた産学官の連携が，他国に対するたんなる技術的知識の移転にとどまらない，現地の社会レベルでのイノベーションの創成に向けては，十分に機能しない可能性がある．

　いっぽう，フランス・ヴェオリア，スエズやイギリス・テムズなどの欧州企業は，現地のサプライヤー，ユーザー，大学・公的機関を含めた有機的なネットワークを形成し，水処理にかかわる要素技術の知識だけではなく，水

資源の重要性や，水管理システムの維持・運営を含めたさまざまな知識をパッケージ化して提供することで，中国などで積極的に水ビジネスを展開している．

これまで日本国内では，水関連事業はおもに公的機関が担当し，長い間その運営・管理が行われてきた．しかし近年，環境関連サービスの民営化が進められるなかで，長年にわたって蓄積してきた水処理・管理の経験やノウハウにかかわる知識を体系化・形式化し，国際的な制度設計の提案と組み合わせることで，地球全体での水資源の持続可能性に向けて戦略的に展開していくことが強く求められる．

4.6 サステイナビリティ・イノベーションに向けた戦略・政策

今後，知識循環という観点からイノベーション・システムをとらえることで，サステイナビリティ・イノベーションのメカニズムを理解し，その実現に向けて企業戦略，公共政策を検討していかなければならない．まず知識という側面に関して，持続可能性にかかわるどのような性質の問題が対象となっているのか（環境，エネルギー，資源，健康，安全，貧困など），それぞれの特徴をもとにして整理・体系化することが必要である．

それから，どのようなアクターがイノベーションにかかわるのか，大学・研究機関，民間企業，政府，NGOなどを特定し，それぞれがどのようなインセンティブの下に，どのような機能を果たしてきたのか，またそれぞれが持続可能性に向けたイノベーションにおいてどのような問題・障害を抱えているのか，などを分析する．

そして，どのような制度が影響をおよぼしうるのか，アントレプレナーシップのようなインフォーマルな意識・姿勢のような問題から，規制・公共政策にかかわるフォーマルな手段まで，それぞれの役割と実行の仕方を議論する必要がある．

これまでに成功した具体的なイノベーションのケースについて詳細な分析を行い，対象とする課題領域によって，知識，アクター，制度がどのように異なっているのか，またどのような機能がどの段階で重要となっているのかを検証し，イノベーション・システムの構造・機能・進化を整理・体系化し

て，より普遍的な観点からモデル化を行うことができれば，将来に向けた実践的な企業戦略，公共政策，制度設計を検討するうえでも非常に有意義であると思われる．

　こうした知識循環システムを構成する各要素・過程に関して，それぞれの基本的な側面を解明するためには，これまで各学問分野で蓄積されてきた知見を学融合的に活用することがきわめて重要となる（Yarime et al., 2010）．高度化・細分化が進んだ専門領域を，社会における知識の循環システムという観点からどのように結合し，統合的に理解できるのか，そのための概念と方法論を新たに開発していくことが，今後のサステイナビリティ・イノベーションの理解と実践にとって大きな鍵になる．

　具体的には，自然環境のメカニズムにかかわる自然科学，技術的対策にかかわる工学，研究開発の組織・意思決定にかかわる経済・経営学，公共政策にかかわる行政学・政治学，社会における問題の認識にかかわる社会学，情報・知識の創出・伝達・活用にかかわるデータ・サイエンスなどを包摂する概念・アプローチと，科学技術，企業経営，政策・制度を含めた膨大かつ多様なデータ・情報を収集・分析するための方法論・ツールなどが必要不可欠である．

　知識循環プロセスという観点から，イノベーション・システムの機能，構造，進化に関する理論的なモデルを構築しつつ，どのように技術・経営・政策を戦略的に組み合わせればサステイナビリティに向けたイノベーションが創成されうるのか，具体的な課題にもとづいて議論していくことが重要である．マクロ的な大規模データ分析とミクロレベルでの詳細な情報収集を基盤として，同一の分析手法を適用することで，社会的・文化的に異なる条件下でそのメカニズムがどう異なるのか実証的に検証することが可能となる．分野間・地域間におけるイノベーション・システムの親和性・適合性，その相互作用を通じた変動のメカニズムをより深く理解することで，環境，エネルギー，健康，安全などにかかわる日本の優れた科学技術を，どのようにして地球レベルでのサステイナビリティ・イノベーション創出につなげていくことができるのか，将来に向けてその可能性と課題を明らかにしていくことが期待される．

文　献

Baba, Y., Yarime, M. and Shichijo, N. (2010) Sources of success in advanced materials innovation : The role of 'Core Researchers' in university-industry collaboration in Japan. International Journal of Innovation Management, 14 (2) : 201-219.

Bergek, A., Jacobsson, S., Carlsson, B., Lindmark, S. and Rickne, A. (2008) Analyzing the functional dynamics of technological innovation systems : A scheme of analysis. Research Policy, 37 : 407-429.

Branscomb, L. M., Kodama, F. and Florida, R. eds. (1999) Industrializing Knowledge : University-Industry Linkages in Japan and the United States. MIT Press, Cambridge.

Chesbrough, H. (2006) Open Innovation : The New Imperative for Creating and Profiting from Technology. Harvard Business School Press, Boston.

Dasgupta, P. and David, P. A. (1994) Toward a new economics of science. Research Policy, 23 : 487-521.

Dijk, M. and Yarime, M. (2010) The emergence of hybrid-electric cars : Innovation path creation through co-evolution of supply and demand. Technological Forecasting and Social Change, 77 (8) : 1371-1390.

Foray, D. (2004) The Economics of Knowledge. MIT Press, Cambridge.

Foray, D. and Lundvall, B.-A. eds. (1996) Employment and Growth in the Knowledge-Based Economy. Organisation for Economic Co-operation and Development, Paris.

Freeman, C. (1991) Networks of innovators : A synthesis of research issues. Research Policy, 20 : 499-514.

Jaffe, A. B., Peterson, S. R., Portney, P. R. and Stavins, R. N. (1995) Environmental regulation and the competitiveness of U. S. manufacturing : What does the evidence tell us? Journal of Economic Literature, 33 : 132-163.

Kates, R. W., Clark, W. C., Corell, R., Hall, J. M., Jaeger, C. C., Lowe, I., McCarthy, J. J., Schellnhuber, H. J., Bolin, B., Dickson, N. M., Faucheux, S., Gallopin, G. C., Grubler, A., Huntley, B., Jager, J., Jodha, N. S., Kasperson, R. E., Mabogunje, A., Matson, P., Mooney, H., Moore, B. III, O'Riordan, T. and Svedin, U. (2001) Sustainability science. Science, 292 (5517) : 641-642.

Komiyama, H. and Takeuchi, K. (2006) Sustainability science : Building a new discipline. Sustainability Science, 1 (1) : 1-6.

Liu, J., Dietz, T., Carpenter, S. R., Alberti, M., Folke, C., Moran, E., Pell, A. N., Deadman, P., Kratz, T., Lubchenco, J., Ostrom, E., Ouyang, Z., Provencher, W., Redman, C. L., Schneider, S. H. and Taylor, W. W. (2007) Complexity of coupled human and natural systems. Science, 317 (14 September) : 1513-1516.

Lundvall, B.-A. (1992) National Systems of Innovation : Toward a Theory of

Innovation and Interactive Learning. Pinter, London.

Malerba, F. ed. (2004) Sectoral Systems of Innovation : Concepts, Issues and Analyses of Six Major Sectors in Europe. Cambridge University Press, Cambridge.

Mowery, D. C., Nelson, R. R., Sampat, B. N. and Ziedonis, A. A. (2004) Ivory Tower and Industrial Innovation : University-Industry Technology Transfer Before and After the Bayh-Dole Act in the United States. Stanford University Press, Stanford.

Murmann, J. P. (2003) Knowledge and Competitive Advantage : The Coevolution of Firms, Technology, and National Institutions. Cambridge University Press, Cambridge.

Nelson, R. (1993) National Innovation Systems : A Comparative Analysis. Oxford University Press, New York.

Orsato, R., Dijk, M., Kemp, R. and Yarime, M. (2011) The electrification of automobility : The bumpy ride of electric vehicles towards regime transition. In : Automobility in Transition? : A Socio-Technical Analysis of Sustainable Transport. Geels, F., Kemp, R., Dudley, G. and Lyons, G. eds., Routledge, New York (in press).

Ostrom, E. (2007) A diagnostic approach for going beyond panaceas. Proceedings of the National Academy of Sciences, 104 (39) : 15181-15187.

Palmer, K., Oates, W. E. and Portney, P. R. (1995) Tightening environmental standards : The benefit-cost or the no-cost paradigm? Journal of Economic Perspectives, 9 (4) : 119-132.

Porter, M. and van der Linde, C. (1995) Toward a new conception of the environment-competitiveness relationship. Journal of Economic Perspectives, 9 (4) : 97-118.

Yarime, M. (2007) Promoting green innovation or prolonging the existing technology : Regulation and technological change in the chlor-alkali industry in Japan and Europe. Journal of Industrial Ecology, 11 (4) : 117-139.

Yarime, M. (2009a) Eco-Innovation through University-Industry Collaboration : Co-Evolution of Technology and Institution for the Development of Lead-Free Solders. Paper presented at the DRUID Society Summer Conference 2009, Copenhagen Business School, Copenhagen, Denmark, June 17-19.

Yarime, M. (2009b) From End-of-Pipe Technology to Clean Technology : Environmental Policy and Technological Change in the Chlor-Alkali Industry in Japan and Europe. VDM Verlag, Saarbrücken.

Yarime, M. (2009c) Public coordination for escaping from technological lock-in : Its possibilities and limits in replacing diesel vehicles with compressed natural gas vehicles in Tokyo. Journal of Cleaner Production, 17 (14) :

1281-1288.
Yarime, M., Shiroyama, H. and Kuroki, Y. (2008) The Strategies of the Japanese Auto Industry in Developing Hybrid and Fuel Cell Vehicles. *In*：Making Choices about Hydrogen：Transport Issues for Developing Countries. Mytelka, L. K. and Boyle, G. eds., IDRC Press and United Nations University Press, Ottawa and Tokyo, 187-212.
Yarime, M., Takeda, Y. and Kajikawa, Y. (2010) Towards institutional analysis of sustainability science：A quantitative examination of the patterns of research collaboration. Sustainability Science, 5 (1)：115-125.
馬場靖憲・鎗目雅（2007）緊密な産学連携によるイノベーションへの貢献―企業の人材育成に関する分析．馬場靖憲・後藤晃編『産学連携の実証研究』東京大学出版会，65-95.
張谷幸一（2008）好調な太陽電池産業に死角あり―アナリストの視点から．日経マイクロデバイス，2：69-75.
小宮山宏（2005）知識の構造化．オープンナレッジ．
櫛屋勝巳（2008）もっと知りたい太陽電池―基礎から最新技術まで　第4回　薄膜化合物型．日経マイクロデバイス，7：77-86.
新エネルギー・産業技術総合開発機構（2007）なぜ，日本が太陽光発電で世界一になれたのか．新エネルギー・産業技術総合開発機構（NEDO）．
鎗目雅・馬場靖憲（2007）地球環境問題の解決に向けた新しい産学官連携―技術変化と制度形成に関する日米欧比較．馬場靖憲・後藤晃編『産学連携の実証研究』東京大学出版会，129-162.
吉川弘之（2006）学問改革と大学改革―Sustainability Science. IDE（現代の高等教育），5：24-32.

第5章
長期シナリオと持続型社会
——将来可能性を見通す

増井利彦・武内和彦・花木啓祐

5.1 21世紀環境立国戦略と持続型社会像

5.1.1 シナリオとビジョン

　将来を見通すことは容易ではないが，持続型社会を展望するには，多様な変化や想像力に富んだ将来の描写が求められる．持続型社会の実現には，社会変革につながるさまざまな抜本的対策の導入が必要不可欠であるが，そうした対策の導入に関する意思決定は容易ではない．

　不確実性のもとで意思決定を支援するツールとして，シナリオ分析やシナリオ・プランニングが活用されている．シナリオ・プランニングおよび政策科学の分野においては，「シナリオとは，将来環境を描写したものを意味する．したがってそれは，高度に主観的な言葉による描写から，複雑な動態的モデルによるものにいたるまで，いろいろな種類のものを含む」（宮川, 1994）．

　シナリオについてのいくつかの記述をみてみよう（増井ほか，2007）．シュワルツ（2000）は，「シナリオ作成のプロセスでは，ビジネス環境などについてのシナリオを複数作成する．なぜなら，未来を完全に予測することは不可能だから，『起こりうる未来』をいくつか想定する必要があるからだ．そして，それぞれのシナリオに描かれた未来が起こる確率は，いずれも同じだと考える」と述べている．ハイデン（1998）は，「シナリオは世界がこれからどう展開するのかに関する物語であり，現在の環境の変化しつつある諸側面を認識し，それに適応する助けとなる．シナリオは，将来可能性のあるいくつかの異なった未来への道筋を示し，それぞれの道筋において，とるべき適切な対応を見出すための方法論である．この意味では，『シナリオ』の正

表5.1 これまでに公表されてきたおもな環境のシナリオ.

メドウズら (1972, 1992, 2004)	成長の限界
カーン (1973)	未来への確信
米国 (1980)	西暦2000年の地球
IPCC (Intergovernmental Panel on Climate Change)	IS92 (アルカモほか, 1997), SRES (IPCC, 2000), post-SRES (Morita et al., 2001), 新シナリオ (現在作成を検討中)
SEI (Stockholm Environment Institute) (1997, 1998, 2002)	Global Scenario Group
WBCSD (World Business Council for Sustainable Development) (1997, 2000, 2005)	
ハモンド (1999)	未来の選択
オランダ (2000)	欧州持続可能シナリオ
世界水フォーラム (2000)	世界水ビジョン
OECD (2002, 2008)	世界環境白書
UNEP	GEO3 (2002), GEO4 (2007)
MA (Millennium Ecosystem Assessment) (2005)	
脱温暖化シナリオ	オランダ (Kok et al., 2002), イギリス (Depaartment of Trade and Industry, 2003), 日本 (Scenario study team in Japan low carbon society scenarios toward 2050, 2006; Asia-Pacific Integrated Modeling Team, 2007), インド (Shukla et al., 2003), 中国 (Chen, 2009) などの各国シナリオのほか, 滋賀県などの自治体シナリオ (島田ほか, 2006; 環境省, 2001)
IEA (2009)	450 ppm 安定化シナリオ

確な定義は,いくつかありうる将来の環境(そこで現在の意思決定の結果が出る)について認識を秩序立てるためのツール,または,われわれ自身の将来について夢見るための整理させた一連の方法,となる」と述べている.さらにシューメーカー (2003) は,「シナリオを発展させる目的は,未来を正確に叙述することではない.そうではなく,未来を経験することなのだ」と述べている.

いっぽう，持続型社会は，これまでのトレンドを延長させただけのなりゆきの社会像ではなく，環境をはじめ社会，経済などについて実現すべきさまざまな目標を達成した社会であると考えられる．本章では，持続型社会のようにめざすべき社会像を「ビジョン」，持続型社会も含めたさまざまな将来像とそれに至る経路（道筋）を「シナリオ」と位置づけ，持続型社会の実現に向けたシナリオの描写や課題を明らかにする．

表5.1に，これまでに公表されてきたおもな環境のシナリオを示す．

5.1.2 フォアキャストとバックキャスト

シナリオを描く手法として，フォアキャストとバックキャストがある．現状を出発点として，将来の目標に縛られることなく未来像を描く方法が「フォアキャスト」である．いっぽう，「バックキャスト」は，将来のビジョンや目標をあらかじめ明確にしておき，現在からその将来像，目標にいたる道筋を描く方法である．望ましくない将来像の場合には，それを避ける道筋を示すことになる．

環境のシナリオについて，フォアキャストでは，現状の社会構造やドライビングフォース（人口や経済成長，技術進歩など将来の環境像を記述するうえで必要となる活動）を前提として，将来の望ましい環境像や社会像は明示せずに，環境対策についてもできるところから行うという立場をとる．この手法では，将来の環境像はシナリオの帰結として描かれるのみであり，描かれた将来の環境像は持続型社会からみて望ましいものになるという保証は必ずしもない．

いっぽう，持続型社会を構築するために，どのような社会にしたいのか，どのような環境のなかで生活したいのか，といった将来の社会像や環境像についてのビジョンを描き，それを国民あるいは世界全体で共有することが重要である．さらに，描かれたビジョンを実現させるために，どのような対策を導入する必要があるかを議論する必要がある．それは既存の環境政策で十分か，足りない場合はどのような追加的な取組が有効になるか，どのような施策を組み合わせることで効果が高まるかなどの検討である．そのうえで，より根本的に社会・経済活動そのものをどのように変革していくかというバックキャスト型の視点を導入することが必要となる．このように，バックキ

ャスト型のシナリオを構築する際には，目標となる将来像であるビジョンの設定が必要となる．

5.1.3　21 世紀環境立国戦略

わが国では，2008 年に開催された G8 北海道洞爺湖サミットを見据え，2007 年 1 月 26 日の安倍元首相の施政方針演説において「国内外あげて取り組むべき環境政策の方向を明示し，今後の世界の枠組づくりへわが国として貢献するうえでの指針として，『21 世紀環境立国戦略』を 6 月までに策定」するとの方針が打ちだされた．これを受けて，中央環境審議会に，21 世紀環境立国戦略特別部会が設置され，「21 世紀環境立国戦略」の策定に向けた特別部会としての提言をとりまとめた．

21 世紀環境立国戦略では，持続型社会として，健全で恵み豊かな環境が地球規模から身近な地域まで保全されるとともに，それらを通じて世界各国の人々が幸せを実感できる生活を享受でき，将来世代にも継承することができる社会を構築すべきであるとしている．現状の社会・経済活動を地球規模で持続可能なものへと築きなおすにあたって，以下の 3 つの目標を掲げるべきとしている．

① 現在に加え，将来においても環境への負荷が環境保全上の支障を生じさせることのないように，環境への負荷が環境の容量を超えないものであること．

② 新たに採取する天然資源と自然界へ排出されるものを最小化し，資源の循環的な利用が確保されること．

③ 健全な生態系が維持，回復され，自然と人間との共生が確保されること．

この戦略では，上記の目標を達成するために，予防的な取組方法の考え方にもとづく対策を必要に応じて実施すべきであるとしている．また，その実現において，環境・エネルギー技術の開発・普及，ライフスタイルの変革，適切なインセンティブの設定も含む社会経済システムの見直しの 3 つの取組を通じて，人々の創意工夫や社会の活力を最大限に引き出していくことが必要であるとも述べている．

5.2 持続型国土を形成するための長期シナリオ

環境省では，2006年に閣議決定された第3次環境基本計画において，超長期ビジョンを示すことが明示されたことを受けて，2050年に実現されることが望ましいわが国の環境像・社会像を描き，その実現の道筋について検討を開始し，2007年に「超長期ビジョンの検討について（報告）」とした報告書をまとめた．本節では，その報告の概要を示すとともに，超長期ビジョンにかかわる将来シナリオのうち，低炭素社会を実現するシナリオを紹介する．

5.2.1 超長期ビジョン検討

超長期ビジョン検討では，2050年を対象に持続型社会を実現するにあたって懸念されているリスクを検討するとともに，社会・経済の趨勢をもとに，持続型社会を実現する環境像と社会像を以下のように描写している．

(1) 環境像

望ましい環境像としては，①低炭素社会，②循環型社会，③自然共生社会，④快適生活環境社会，の4つが掲げられている．

低炭素社会からみた環境像では，世界全体の温室効果ガスの排出量が大幅に削減され，将来世代にわたり人類とその生存基盤に対して悪影響を与えない水準で温室効果ガスの濃度が安定化する方向に進んでいるとしている．

循環型社会からみた環境像では，資源生産性，循環利用率が大幅に向上し，これにともなって最終処分量が大幅に減少している．バイオマス系の廃棄物の有効利用をはじめとして，廃棄物からの資源・エネルギー回収が徹底して行われている，としている．

自然共生社会からみた環境像では，農山村が活性化することにより，地域の生活環境である里地里山が適切に管理され，野生鳥獣との共存が図られている．都市周辺においても豊かな生物多様性を育む地域が広く残されている，としている．

快適生活環境社会からみた環境像として，環境汚染によるリスクの環境監視が適切に行われ，生命，健康，生活環境に悪影響をおよぼすリスクがなく

なっている．大都市部の大気汚染，ヒートアイランドが解消され，人々が健康で快適な生活を確保できる水辺環境も回復している，としている．

(2) 社会像

超長期ビジョン検討では，望ましい環境像のほか，それを実現するための社会像についてもふれられている．

2050年のわが国の人口は1億200万人で，高齢者の比率は37%に達するとしている．人口減少と高齢化にともない，就業者数は減少するものの，多様な就労環境が整備され，望ましい働き方の選択ができることにより，相対的に女性や高齢者の就業率は増加する．

農業分野では，経営規模拡大・農業生産の効率化により，農業収益性が向上し，安全で安心な生産物を供給する．製造業では，日本企業が環境性能が優れた技術・製品をいち早くつくりだし，低環境負荷企業として世界のトップランナーを維持する．また，ゲーム，ソフトウェアなどのコンテンツ産業，高齢化社会の経験をいかしたライフサイエンス・医療・介護関連産業などが成長産業として経済活動を牽引する．

国土・社会資本面では，コンパクトで住みやすい都市構造，緑の多い道路や公園緑地の配置，ヒートアイランド緩和のための「風の道」などを実現する．農山村は，その人口は減少するものの，都市住民との交流や移住が進むことで地域のコミュニティが活性化する．都市の規模・構造に即した合理的な公共交通システムが普及し，高度なICTによる効率的かつ安全な自動車交通が実現する．

エネルギー面では，太陽光発電や太陽熱温水器などが標準装備され，すべての消費エネルギーをまかなうことができる「ゼロエネルギー住宅」や，「200年住宅」「長寿命オフィス」が一般的となる．風力発電，太陽光発電，太陽熱利用など自然エネルギーのシェアが大幅に増加するとともに，安心・安全な原子力発電技術の実現による原子力発電所の設備利用率向上などにより低炭素型電力供給システムが構築される．

防災面では，住宅・建築物の防災設計などにより，安心・安全な都市構造が実現する．また，気候・気象予測精度の向上などにより，温暖化影響に余裕をもって対応することが可能となる．

(3) 望ましい環境像，社会像の定量化

超長期ビジョン検討では，前述の環境像，社会像の実現可能性を分析するために，定量モデルを用いてその整合性を検討している．これは，Alcamo (2001) が提案した「story-and-simulation」アプローチを踏襲したものであり，利害関係者と専門家で作成されるストーリーライン（定性的なシナリオ）と，ストーリーラインを定量化するモデルによる分析（定量的なシナリオ）をあわせて議論するというものである．

図5.1は，定量的なシナリオとして，2050年の各種指標を示したものである．

以上の結果から，超長期ビジョン検討では，持続型社会において望ましい環境像・社会像を2050年において実現することは可能であるが，その実現

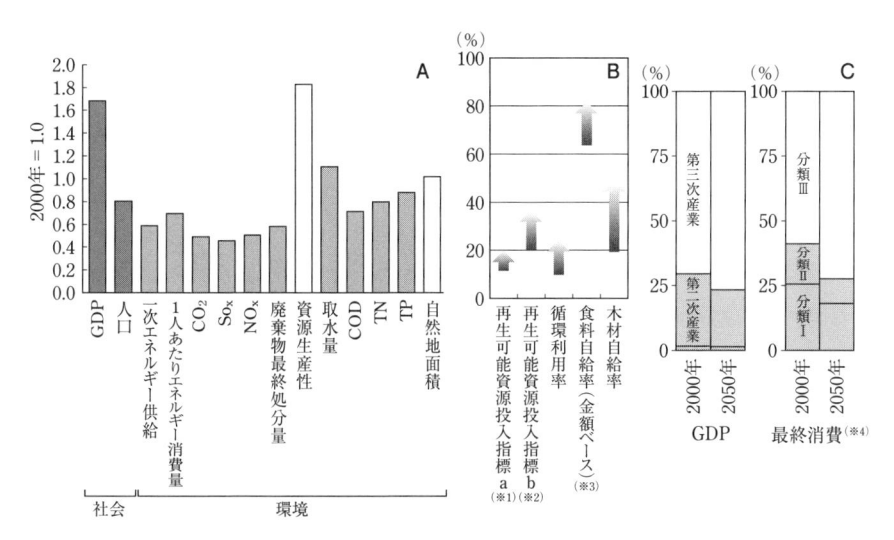

図5.1　2050年における各種指標の変化．
A：2000年＝1.0，B：矢尻2000年値・矢頭2050年値，C：GDP/家計最終消費支出シェア．
Aにおいて，■は1を下回ることで2000年より改善されていることを示す指標，□は1を上回ることで2000年より改善されていることを示す指標である．
※1　再生可能資源投入指標a＝再生可能資源投入量/天然資源等投入量．
※2　再生可能資源投入指標b＝(循環利用量＋再生可能資源投入量)/(循環利用量＋天然資源等投入量)．
※3　食料自給率は金額ベースの値．
※4　家計最終消費のシェア：分類Ⅰ（エネルギー，食料品，繊維，木製品，紙，化学，窯業，金属・機械，その他製造，水道，廃棄物処理），分類Ⅱ（卸売・小売），分類Ⅲ（金融・保険・不動産，運輸，通信，教育，医療，その他サービス）．

に向けた道筋は容易ではなく，2050年の目標像を視野に入れつつ，長期的な視点に立って，現時点から導入可能となるさまざまな対策を導入することが必要であると結んでいる．

5.2.2　低炭素社会を実現するビジョン

IPCCの第4次評価報告書では，産業革命前からの気温上昇を2.0〜2.4℃に抑えるためには，大気中の温室効果ガス濃度を445〜490 ppmに安定化するとともに，2000〜15年には二酸化炭素排出量を減少させる必要があると示している．また，大気中の温室効果ガス濃度を450 ppmに安定化するためには，附属書I国では2020年の排出量を1990年比25〜40%削減し，2050年には80〜95%削減する必要があるとしている．同様に，非附属書I国では，2020年に南アメリカ，中東，東アジア，アジアの計画経済国でベースラインから大幅削減を，2050年にはすべての地域でベースラインからの大幅削減が必要であるとしている．

こうした報告をもとに，2009年にイタリアで行われたラクイラ・サミットでは，先進国は2050年までに温室効果ガス排出量を80%以上削減することが合意された．なお，同年に行われた主要経済国フォーラムでは，世界全体の温室効果ガス排出量を2050年に半減することが議論されたが合意に至らず，さらにコペンハーゲンで行われた気候変動枠組条約第15回締約国会議（COP15）においても，先進国と途上国の対立などから第2約束期間における削減目標について合意には至らなかった．

こうした一連の動きは，地球温暖化対策に関する数値目標の設定についてのむずかしさをあらためて示したものであるが，長期的には先進国，途上国を問わず地球温暖化防止をめざした社会の構築が必要と認識されている．本項では，低炭素社会を実現するためのビジョンを示した研究事例として，「脱温暖化2050プロジェクト」の概要を示すとともに，わが国の2020年の温室効果ガス排出量の削減を検討した「中期目標検討」の過程を紹介する．なお，これらの検討の過程と結果については，別途，本シリーズの第2巻第4章でも述べられる．

表5.2 脱温暖化2050プロジェクトにおいて検討されている2つのシナリオ.

シナリオA	シナリオB
活力, 成長志向	ゆとり, 足るを知る
都市型/個人を大事に	分散型/コミュニティ重視
集中生産・リサイクル	地産地消費, 必要な分の生産・消費
より便利で快適な社会をめざす	社会・文化的価値を尊ぶ
GDPは1人あたり年平均2%成長	GDPは1人あたり年平均1%成長
農林水産物の輸入依存度の増加	農林水産業の復権
グローバル化による生産拠点の海外移転	地域ブランドによる多品種少量生産
市場の規制緩和が進展	適度に規制された市場ルールが浸透

(1) 脱温暖化2050プロジェクト

「脱温暖化2050プロジェクト」は，環境省地球環境研究総合推進費戦略的研究開発プロジェクトとして2004〜08年に行われた研究である．このプロジェクトでは，日本における中長期温暖化対策シナリオを構築するために，①全体像を把握する長期シナリオ開発研究とシナリオで取り入れる対策，施策，政策群の妥当性を検討する政策評価研究，②中長期温暖化対策のための削減目標を設定する判断基準検討研究，③都市を中心とした対策研究，④IT導入効果に関する研究，⑤交通分野における対策研究，について60名以上の研究者が参画し，技術社会面での今後の変化・発展予測をふまえた種々のオプションを検討する技術・社会イノベーション統合研究を行い，2050年までを見越した日本の温室効果ガス削減のシナリオと，それに至る環境政策の方向性を提示した．

このプロジェクトでは，表5.2に示すような2つの将来像を前提に，2050年にわが国の二酸化炭素排出量を1990年比70%削減する可能性について検討している．図5.2は，各シナリオにおいて導入される対策オプションとその効果を示している．また，こうした対策を実現するために，個々の対策やそれを支援するための政策をどのように導入していけばよいかを検討した12の方策（表5.3）や，2050年の社会像の実現に向けた経路を検討するバックキャストモデルによる分析（図5.3）が行われている．

(2) 中期目標検討

わが国における2020年の温室効果ガス排出目標を検討するために，2008

シナリオA：2050年

区分	対策項目	内容
	活動量変化	・経済成長，世帯あたりサービス需要の増加，業務床面積の増加（以上，CO_2増加要因） ・産業のサービス化，世帯数減少，輸送需要の減少（以上，CO_2減少要因）
産業	サービス需要削減	・農産物の旬産旬消
	エネルギー効率改善	・高効率ボイラ，高効率モータの利用など
	炭素強度改善	・石油・石炭から天然ガスへの燃料転換
民生	サービス需要削減	・高断熱住宅・建築物の普及促進 ・HEMS・BEMSによるエネルギー消費の最適制御
	エネルギー効率改善	・高効率ヒートポンプエアコン・給湯器・照明の普及 ・燃料電池の開発・普及
	炭素強度改善	・オール電化住宅の普及 ・太陽光発電の普及
運輸	サービス需要削減	・土地の高度利用，都市機能の集約 ・公共交通機関（鉄道・LRT・バス）への旅客交通のモーダルシフトの促進
	エネルギー効率改善	・電気自動車，燃料電池自動車等モータ駆動自動車の普及 ・高効率貨物自動車の普及
	炭素強度改善	・鉄道・船舶・航空のエネルギー効率向上
エネ転		・低炭素エネルギー（天然ガス，原子力，再生可能エネルギー）への燃料転換
	炭素強度改善	・夜間電力の有効利用，電力貯蔵の拡大 ・再生可能エネルギー由来の水素の供給
	炭素隔離貯蔵(CCS)	・CO_2排出がともなわない（CO_2フリーの）電力の製造 ・CO_2フリーの水素の製造

シナリオB：2050年

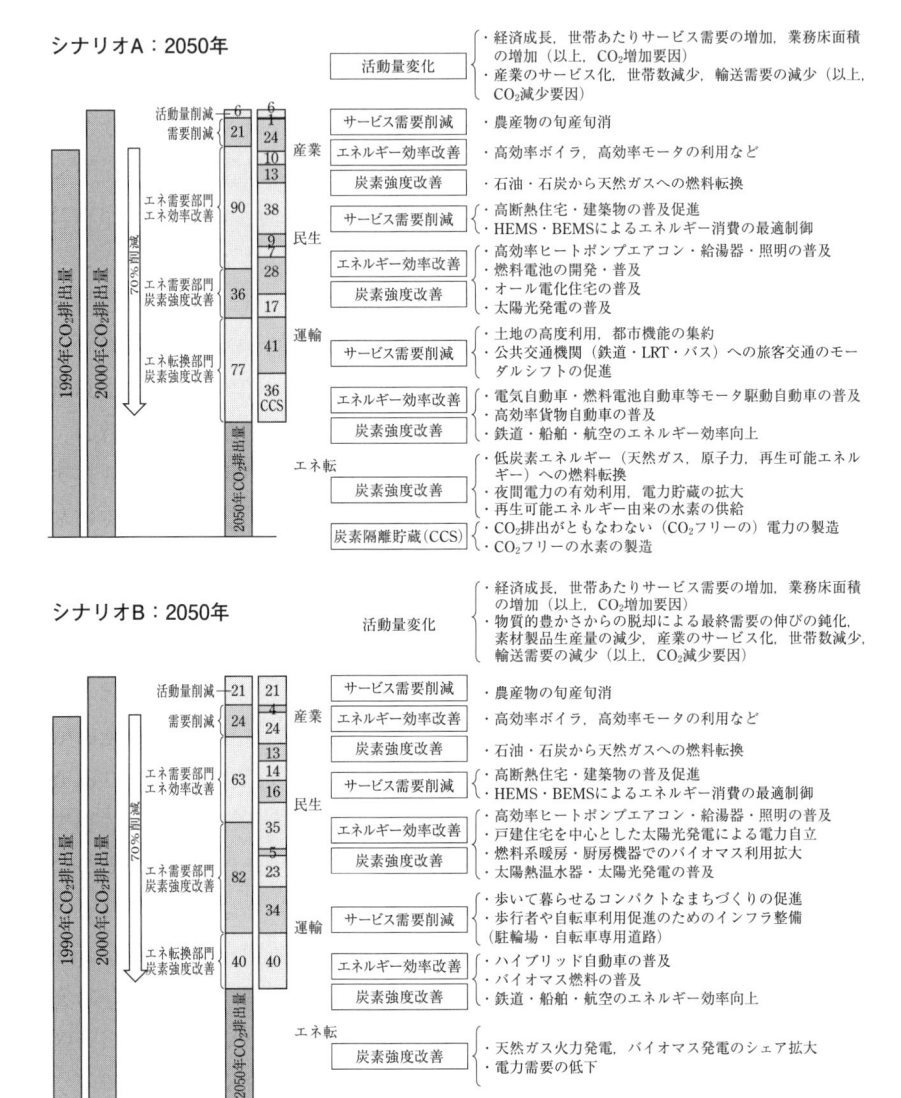

区分	対策項目	内容
	活動量変化	・経済成長，世帯あたりサービス需要の増加，業務床面積の増加（以上，CO_2増加要因） ・物質的豊かさからの脱却による最終需要の伸びの鈍化，素材製品生産量の減少，産業のサービス化，世帯数減少，輸送需要の減少（以上，CO_2減少要因）
産業	サービス需要削減	・農産物の旬産旬消
	エネルギー効率改善	・高効率ボイラ，高効率モータの利用など
	炭素強度改善	・石油・石炭から天然ガスへの燃料転換
民生	サービス需要削減	・高断熱住宅・建築物の普及促進 ・HEMS・BEMSによるエネルギー消費の最適制御
	エネルギー効率改善	・高効率ヒートポンプエアコン・給湯器・照明の普及 ・戸建系住宅を中心とした太陽光発電による電力自立 ・燃料系暖房・厨房機器でのバイオマス利用拡大
	炭素強度改善	・太陽熱温水器・太陽光発電の普及
運輸	サービス需要削減	・歩いて暮らせるコンパクトなまちづくりの促進 ・歩行者や自転車利用促進のためのインフラ整備（駐輪場・自転車専用道路）
	エネルギー効率改善	・ハイブリッド自動車の普及 ・バイオマス燃料の普及
	炭素強度改善	・鉄道・船舶・航空のエネルギー効率向上
エネ転	炭素強度改善	・天然ガス火力発電，バイオマス発電のシェア拡大 ・電力需要の低下

図5.2 2050年の二酸化炭素排出量を1990年比70%削減する対策．図中の数値の単位はMtC．

5.2 持続型国土を形成するための長期シナリオ　129

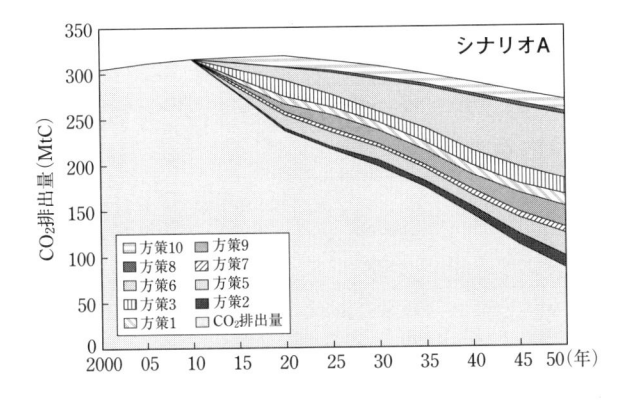

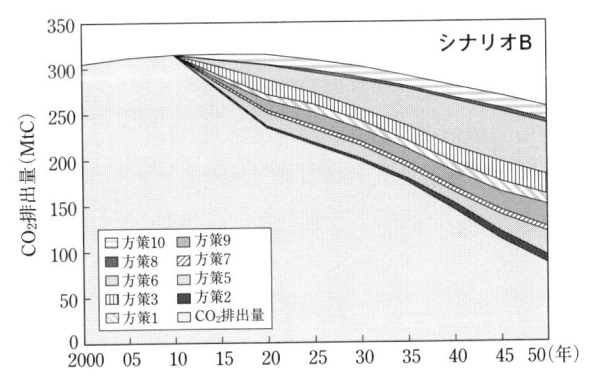

図 5.3 バックキャストモデルによる 2050 年までの道筋の検討．図中の「方策」は，表 5.3 の各方策を示す．

年 11 月から中期目標検討会が内閣官房において開始された．中期目標検討会では，1997 年に京都で開催された気候変動枠組条約第 3 回締約国会議（COP3）での反省をふまえ，科学的でオープンな議論を試み，異なる機関，異なるモデルによる各国比較，削減費用，対策の検討，経済分析が行われ，図 5.4 に示す 6 つの選択肢が提示された．これらの選択肢の提示を受けて，2009 年 6 月 10 日に，当時の麻生首相が「2020 年の温室効果ガス排出量を国内対策として 2005 年比 15%（1990 年比では 8% に相当）削減する」と公表した．

しかしながら，政権交代を受けて新たに誕生した鳩山首相は，2009 年 9 月 22 日に国連気候変動首脳会合において「すべての主要国による公平かつ

表 5.3 2050 年の低炭素社会実現を支援する 12 の方策.

12 の 方 策	方 策 の 概 要	炭素削減量
快適さを逃さない住まいとオフィス	建物の構造を工夫することで光を取り込み暖房・冷房の熱を逃がさない建築物の設計・普及	民生分野 56〜48 MtC
トップランナー機器をレンタルする暮らし	レンタルなどで高効率機器の初期費用負担を軽減しモノ離れしたサービス提供を推進	
安心でおいしい旬産旬消型農業	露地で栽培された農産物など旬のものを食べる生活をサポートすることで農業経営が低炭素化	産業分野 30〜35 MtC
森林と共生できる暮らし	建築物や家具・建具などへの木材積極的利用,吸収源確保,長期林業政策で林業ビジネス進展	
人と地球に責任をもつ産業・ビジネス	消費者のほしい低炭素型製品・サービスの開発・販売で持続可能な企業経営を行う	
滑らかでむだのないロジスティックス	サプライ・チェーン・マネジメントでむだな生産や在庫を削減し,産業でつくられたサービスを効率的に届ける	運輸分野 44〜45 MtC
歩いて暮らせるまちづくり	商業施設や仕事場に徒歩・自転車・公共交通機関で行きやすいまちづくり	
カーボンミニマム系統電力	再生可能エネルギー,原子力,炭素隔離貯留併設火力発電所からの低炭素な電気を,電力系統を介して供給	エネルギー転換分野 95〜81 MtC
太陽と風の地産地消	太陽エネルギー,風力,地熱,バイオマスなどの地域エネルギーを最大限に活用	
次世代エネルギー供給	水素・バイオ燃料に関する研究開発の推進と供給体制の確立	
「見える化」で賢い選択	二酸化炭素排出量などを「見える化」して,消費者の経済合理的な低炭素商品選択をサポートする	横断分野
低炭素社会の担い手づくり	低炭素社会を設計する,実現させる,支える人づくり	

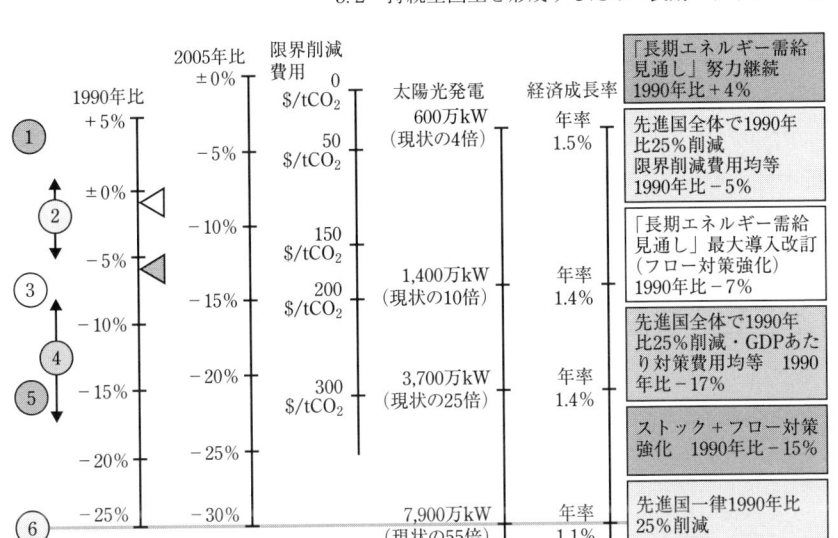

5.2 持続型国土を形成するための長期シナリオ　131

図 5.4　中期目標検討会が示した 6 つの選択肢．▲は京都議定書の排出削減目標であり，△はそのうち森林吸収を除く国内対策分を示している．

実効性のある国際枠組の構築および意欲的な目標の合意を前提に，温室効果ガス排出量（排出量取引などを含めて）を 1990 年比 25% 削減」と公表した．新たな削減目標を受けて，2009 年 10 月に地球温暖化問題に関する閣僚委員会タスクフォース会合が開催され，25% 削減について分析が行われた．

　タスクフォース会合では，時間的な制約もあり，前提とする社会経済活動の想定は中期目標検討会のものから変更はなく，政府から提示された追加的な政策も固定価格買取制度の導入や 1 次エネルギーに占める再生可能エネルギーの比率を 10% とするといった限定的なものであった．このため，試算された結果も大きく変わらず，国立環境研究所 AIM チーム（2009）が示した技術的な削減量も，図 5.5 に示すように 1990 年比 20% が限界という結果となっている．ただし，現状のハイブリッド車の販売台数の増加など，中期目標検討委員会からの半年の動向をふまえて，導入される対策技術を大きく見直した結果，図 5.6 に示すように，対策にかかる追加費用は，2010 年から 2020 年までの 11 年間の累計で 81 兆円となり，導入される機器の耐用年数全体では，エネルギー費用の削減により追加投資がほぼ回収されることを示した．

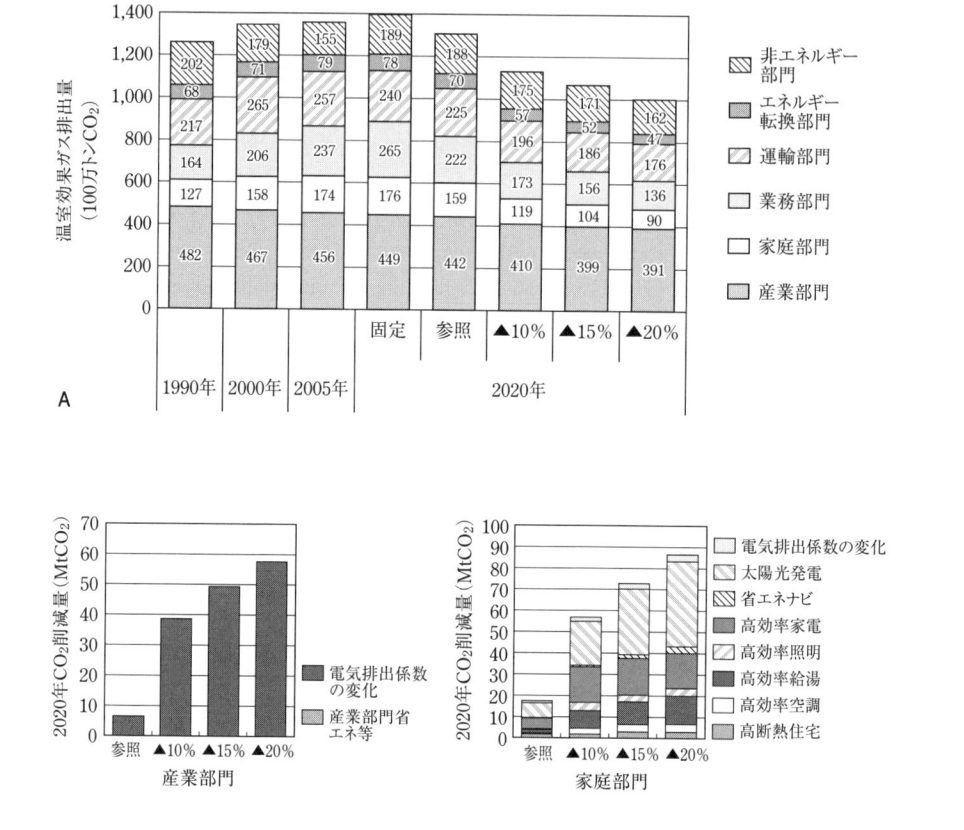

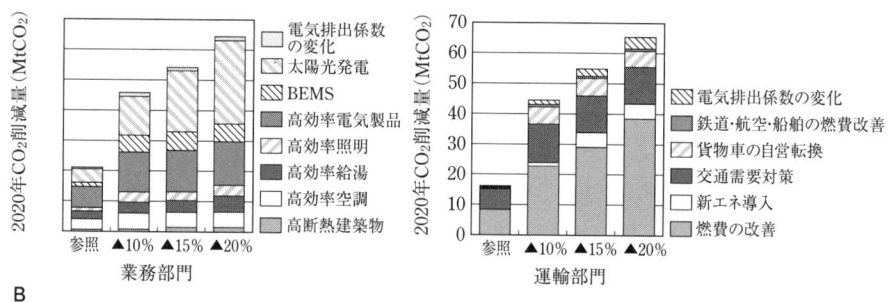

図5.5 地球温暖化問題に関する閣僚委員会タスクフォース会合で国立環境研究所が示した2020年の温室効果ガス排出量および部門別削減量．A：技術モデルによる部門別温室効果ガス排出量，B：技術モデルによる2020年の部門別削減量の内訳（対固定ケース）．

5.2 持続型国土を形成するための長期シナリオ 133

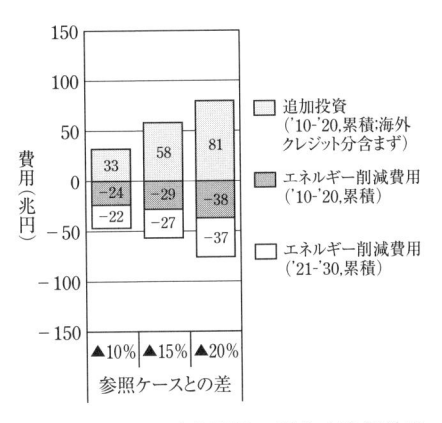

図5.6 地球温暖化問題に関する閣僚委員会タスクフォース会合で国立環境研究所が示した技術モデルによる追加投資費用とエネルギー費用の削減（対参照ケース）.

表5.4 地球温暖化問題に関する閣僚委員会タスクフォース会合で国立環境研究所が示した経済モデルによるGDPの変化と炭素税率.

		2000年	2005年	2050年			
				参照	▲10%	▲15%	▲20%	▲25%
実質GDP [2000年価格兆円]	家計一括返還	521	561	677	669	666	657	655
	低炭素投資					672		659
炭素税率 [2000年価格円/tCO₂]	家計一括返還				8,678	10,252	23,869	52,438
	低炭素投資				—	5,961	—	8,558

家計一括返還：高額の炭素税を課し，税収をすべて家計に還流するケース．炭素税率は限界削減費用に一致する．
低炭素投資：定額の炭素税を課し，税収を温暖化対策に充当するケース．炭素税率は温暖化対策の追加費用をまかなうために必要な水準となる．

いっぽう，経済モデルによる分析では，限界削減費用に相当する額をそのまま炭素税として課すのではなく，上記の追加費用をまかなうだけの税収を炭素税として課すように設定することで，表5.4に示すように，税率を低く抑えるとともに，GDPロスを抑えることを示した．こうした結果を受けて対策を実現するための中長期ロードマップづくりの作業が行われている．

5.3 持続可能な世界を形成するための長期シナリオ

世界を対象とした持続型社会を実現するシナリオは，メドウズら（1972）の「成長の限界」に始まり，現在までにさまざまなものが示されている．

本節では，その代表例として，IPCC の SRES シナリオ（Special Report on Emissions Scenarios），UNEP（United Nations Environment Plan）の GEO（Global Environment Outlook），MA（Millennium Ecosystem Assessment）の生態系評価シナリオ，OECD の環境見通しについて紹介する．

5.3.1 IPCC の SRES シナリオ

2000年に IPCC から報告された SRES では，2100年までの社会経済活動と温室効果ガス排出量に関する長期のシナリオが構築された．そこでは，既存文献の調査，ストーリーラインとよばれる定性的な将来の叙述シナリオの作成，6つのモデルグループによる定量化とその評価，オープンプロセスとよばれる結果の公表と外部意見のフィードバックといった過程を経て作成された．

SRES では，将来の発展の方向性として図5.5に示すように，「A．経済発展重視」か「B．環境と経済の調和」かという軸と，「1．グローバル化の進展」か「2．地域主義的な発展」という軸をあげ，それぞれを組み合わせた A1 から B2 の4つの社会経済像とそれぞれにおける温室効果ガス排出量が推計されている．

なお，IPCC 第3次評価報告書においては，SRES をもとにした対策（濃度安定化）シナリオの結果（Post-SRES）が示されている．また現在，IPCC 第5次評価報告書の作成に向けて，気候モデルや影響分析との連携を重視した RCP シナリオ（Representative Concentration Pathway）の作成が進められている．

5.3.2 UNEP GEO

2003年，2007年に UNEP から報告された GEO3 および GEO4 では，それぞれ 2032年，2050年までを対象に，人口，経済，社会，技術，環境，文化，政策といったドライビングフォースをもとに，市場優先シナリオ（Market First），政策優先シナリオ（Policy First），安全保障優先シナリオ（Security First），持続可能性優先シナリオ（Sustainability First）という4つの叙述的なストーリーラインと定量的なシナリオが報告されている．

　市場優先シナリオでは，世界のほとんどの国が，今日の先進工業国における価値や可能性を志向し，各国の富と市場原理が社会的・政治的課題よりも優位に立った社会が想定されている．この社会では，企業は富を拡大し，新しい事業や生活手段を創出するため，さらなるグローバル化や自由化に期待がおかれ，それによって市民と地域社会が負担する社会・環境問題に対する費用がまかなわれる．道徳的な投資家は市民や消費者団体らとともに，それを修正しようと影響力を行使するが，経済的な緊急課題によって阻まれる．政府の役人，政策立案者，立法者らの社会，経済および環境を規制するための力は，依然として拡大する需要に打ち勝つことが困難である．

　政策優先シナリオは，特定の社会的および環境上の目標達成のために，政府が断固としたイニシアティブをとる社会を示す．協調した環境保護と貧困撲滅活動が，断固として経済発展への動きとバランスをとる．環境および社会的なコストと利益は，政策，規制の枠組およびその立案過程のなかに要素として取り込まれる．これらはすべて，炭素税，税制優遇措置といった財政的な底上げやインセンティブによって強化される．環境や開発に関する国際的な「ソフト・ロー」（法的拘束力をもたない規約）ならびに国際条約は統一的な青写真のなかに組み込まれ，その法的な位置づけが高められる．一方で地域や地方の差異を許容するための協議のための新しい条項も定められる．

　安全保障優先シナリオは，不平等と紛争に満ちた，きわめて不均衡な世界を想定している．社会経済的また環境的な負荷がそれに対する抵抗や反作用を生む．このような問題が蔓延するにつれて，より多くの権力と富をもつグループは自己防衛に重点をおくようになり，今日の「Gated Community（門と塀で囲まれた自治コミュニティ）」に似た孤立した領地をつくる．この裕福な孤島は，ある一定の強化された安全と財政利益を周辺の従属コミュニティに提供するが，裕福でない外部の大衆は除外される．福祉や規制は機能しなくなるが，塀の外での市場機能はそのまま継続される．

　持続可能性優先シナリオでは，持続可能性への挑戦に向けて，より公平な価値や制度にもとづいて新しい環境と開発のパラダイムが生まれる．より理

想的な体制が広く行き渡り，そこでは人々の，おたがいそしてまわりの世界に対する相互作用に劇的な変化が起こり，これが持続可能な政策と説明可能な協力姿勢を促し，支援する．身近な共通の関心事項に対する意志決定においては，行政，市民，ほかの関係者グループの間で，より全面的な協力体制が得られる．他者を貧困に陥れたり，繁栄への展望を損なうことなく，基本的要求を満足させ，それぞれの目標を実現するためになにをなすべきかについて合意形成がなされる．

5.3.3 ミレニアム生態系評価 (MA)

ミレニアム生態系評価 (MA) は，生態系の変化が人間の福利 (human well-being) におよぼす影響を評価するために行われた活動であり，生態系の保全と持続的な利用を進め，人間の福祉への生態系の貢献を高めるために，われわれがとるべき行動を科学的に示すことを目的とした．

MA では 4 つの作業部会が組織され，そのうちのシナリオ作業部会では，4 つの叙述的なストーリーと定量的なシナリオが報告されている．MA のシナリオは，生態系サービスの変化や人間の福祉への影響が描写されており，経済発展や統治については「グローバル」-「地域主義」という軸と，生態系サービスの管理については「事前対応」-「事後対応」という軸で，4 つのシナリオ（世界協調 Global Orchestration, テクノガーデン Techno Garden, 力による秩序 Order from Strength, 順応的モザイク Adapting Mosaic）に分類されている．

世界協調とは，世界貿易と経済の自由化に焦点をおいて，社会が全世界でつながっている状況を描いている．生態系の問題に対しては事後的な対応がとられるが，貧困や不平等の減少，社会基盤や教育など公共財への投資に対して強いアプローチがとられる．4 つのシナリオのなかでは，もっとも経済成長が高く，2050 年の人口はもっとも少ない社会が描かれている．

テクノガーデンは，世界協調と同様に地球全体でつながっている世界が想定されている．環境に調和した技術を強く信頼し，生態系サービスを得るために高度に管理され，しばしば人為的に操作された生態系を利用する．生態系の問題回避のためには事前の対応がとられる．経済成長はやや高めで，成長速度は加速する一方，2050 年の人口は 4 つのシナリオのなかでは中程度

となる.

力による秩序では，地域ごとに分断化した世界が想定されている．安全と保護に関心が払われ，各地域の市場が重視される．公共財への投資には関心が薄く，生態系変化には事後的な対応がとられる．4つのシナリオのなかでもっとも経済成長が遅く，人口はもっとも大きくなる.

順応的モザイクは，流域レベルの空間スケールでの生態系に焦点をあてた政治・経済活動が行われる．各地域における制度が強化され，生態系の地域管理が一般的となる．生態系管理には，強い事前の対応がとられる．経済成長は，当初はやや低いが徐々に加速する．2050年の人口は，力による秩序と同程度と想定されている.

なお，生態系サービスは，①食料，淡水，燃料などの供給サービス，②気候調整や洪水制御などの調整サービス，③審美的，レクリエーション的な文化的サービス，④栄養塩の循環や土壌形成などの基盤サービス，からなるとしており，これらが，人間の福利に影響するとしている.

5.3.4 OECD環境見通し

OECD環境見通しは，2030年に向けた経済および環境の予測にもとづくものであり，主要な今後の環境課題が表5.5のように示されている．また，主要な問題とその潜在的な環境・経済・社会への影響，さらに，それらの問題に取り組むための政策パッケージの提示とその効果・影響を分析している.

温室効果ガスの排出量については，基本シナリオでは2000年から2030年までに37%の増加となるが，政策パッケージ導入時には13%増となり，大幅な削減には追加策が必要であるとしている．大気中の温室効果ガス濃度を450 ppmに安定化するためには，2050年までに世界規模での温室効果ガスの排出量を2000年レベルから39%削減する必要がある．これにより，2030年および2050年のGDPは基本シナリオの推定からそれぞれ0.5%および2.5%減少するとしているが，これはGDPの年成長率を平均して年約0.1%ポイント低下させることにすぎないとしている.

OECD環境見通しでは，こうした費用はモデルシミュレーションによるもので，完全に費用効果的な対策を仮定した場合の結果であり，実際の費用を過小評価している可能性があることを認めている．一方で，マイナスの費

表 5.5 OECD 環境見通しで提示されている環境問題.

課題	a	b	c
気候変動		単位 GDP あたりの温室効果ガス排出量の削減	全世界での温室効果ガスの排出 気候変動の影響の顕著化
生物多様性および再生可能な天然資源	OECD 諸国の森林域	森林管理 保護区域	生態系の質 生物種の損失 侵略的な外来生物 熱帯雨林 違法伐採 生態系の崩壊
水	OECD 諸国の特定汚染源水質汚染（産業排水，生活排水）	地表水の水質および排水処理	水不足 地下水の水質 農業での水の利用および汚染
大気環境	OECD 諸国の二酸化硫黄および窒素酸化物の排出	粒子状物質および地表オゾン 道路輸送による排気ガス	都市大気環境
廃棄物および有害化学物質	OECD 諸国の廃棄物管理 OECD 諸国のフロン排出	一般廃棄物の発生 開発途上国のフロン排出	有害廃棄物の管理および輸送 開発途上国の廃棄物管理 環境および製品内の化学物質

a：よく対応されている，または対応に近年明確な改善がみられるが，各国が引き続き警戒する必要のある環境問題．
b：対応には改善がみられるが依然問題である，または改善がみられるとはいいきれない，あるいは，過去においてはよく対応されていたが現在は不十分である環境問題．
c：対応が不十分であり，状況が悪いまたは悪化しつつあり，早急に対処が必要な環境問題．
すべてとくに指定がない限り地球全体での傾向を示す．

用で実施可能な対策は想定されておらず，また，温暖化対策によるさまざまなコベネフィットについても考慮していないことから，上記の費用は過大評価しているとも述べている．

5.4 21世紀持続型社会に向けたビジョン

5.4.1 21世紀持続型社会

本章では，ビジョン，シナリオを定義するとともに，環境や持続可能性を取り扱ったシナリオをレビューしてきた．21世紀環境立国戦略でみられるように，持続型社会を低炭素社会，循環型社会，自然共生社会を同時に実現させるような社会ととらえたときに，わが国を対象として持続型社会を実現するビジョンとその定量化については，5.2.1で示した超長期ビジョン検討などにおいてみられるが，世界を対象に長期の持続可能性を分析した事例はOECD環境見通しにおいてふれられてはいるものの，世界規模での持続可能性のビジョンをどのように設定するかという視点では十分とはいえない．

これは，低炭素社会であれば，国際的に共有される目標—世界の平均気温を産業革命前と比較して2℃以下に抑え，そのために2050年の世界の温室効果ガス排出量を1990年比で半減させる—があるのに対して，循環型社会や自然共生社会ではそうした目標の設定に対して意見の一致がないためであるといえる．

本節では，循環型社会や自然共生社会の目標として十分であるとはいいがたいものの，循環型社会の実現については資源生産性（GDP÷物質投入量）を改善する，自然共生社会の実現については森林面積の純損失の回避（ノーネットロス）をそれぞれ掲げ，低炭素社会も含めて3つの社会が2050年に世界全体で実現可能かについて，われわれが検討した結果について報告する．

5.4.2 持続可能な国際社会の定量化の枠組と結果

3つの社会を評価するための枠組として，国立環境研究所で開発した世界を対象とした応用一般均衡モデル（AIM/CGE [Global]）を核に，低炭素社会，循環型社会や自然共生社会にかかわる要素を組み入れ，2050年までを対象に定量化を行い，前述の各社会を実現するような目標が達成可能かを確認する．

低炭素社会については経済活動にともなう温室効果ガス排出量を，循環型社会については資源生産性（モデル構造およびデータの関係から，化石燃料，バイオマス，セメント，鉄，銅，アルミニウムのみを対象とし，砂利などわ

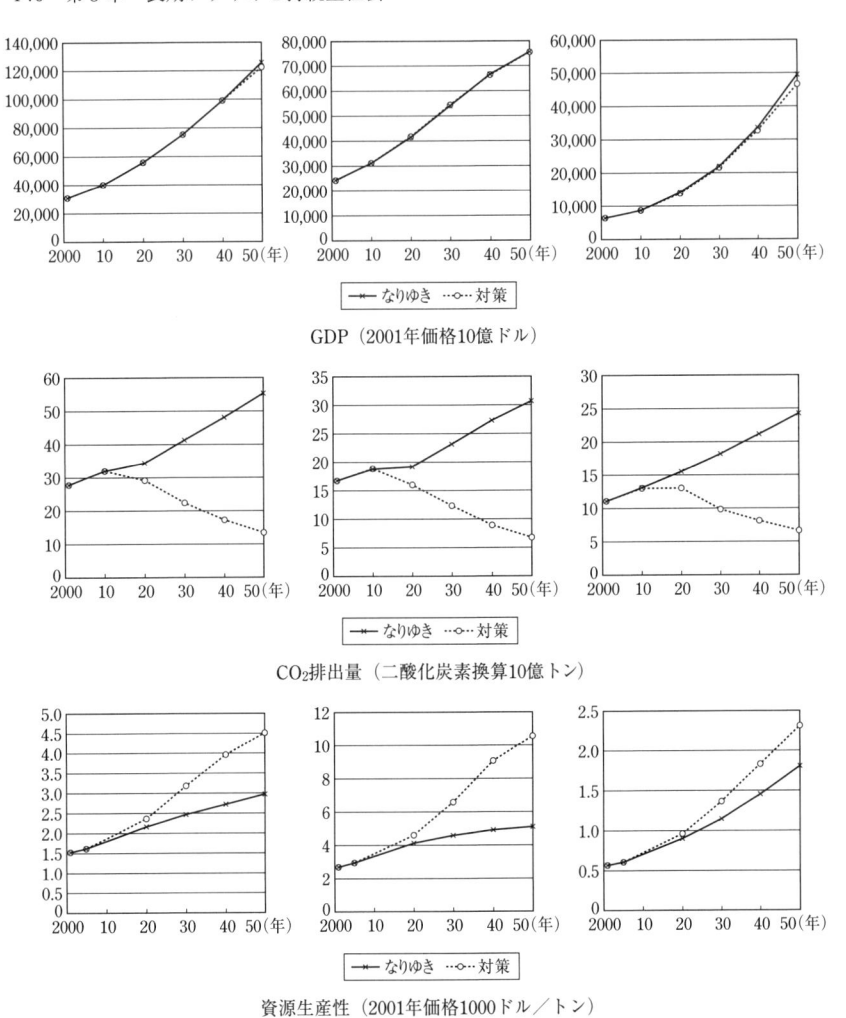

GDP (2001年価格10億ドル)

CO$_2$排出量 (二酸化炭素換算10億トン)

資源生産性 (2001年価格1000ドル／トン)

図 5.7 2050 年における GDP，二酸化炭素排出量，資源生産性の推移．左：世界全体，中央：先進国，右：途上国を示す．

が国においては天然資源投入量の半分近くを占めるほかの鉱物は対象外とした）を，自然共生社会については森林面積（ノーネットロスの概念は，「ある地域内全体において開発などで自然が失われる場合に，これとトータルで同等以上の自然を再生すること」で，湿地や草地も含まれているが，ここでは森林のみを対象としている）を，それぞれ指標とし，前項で掲げた対策の

物質投入量（100万トン）

森林面積（1,000km²）

各指標の年平均変化率

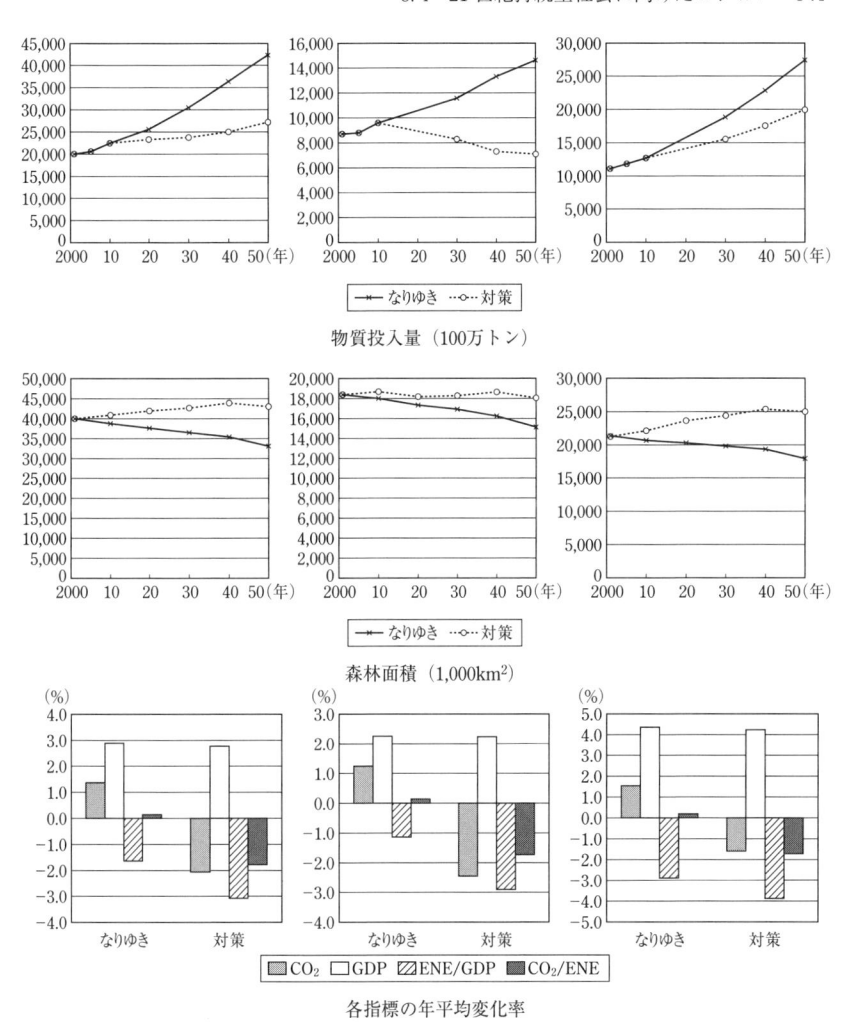

図 5.8　2050 年における物資投入量，森林面積，各指標の年平均変化率の推移．左：世界全体，中央：先進国，右：途上国を示す．

有無を対象に各指標の変化を分析する．

　図 5.7，図 5.8 に，世界，先進国，開発途上国におけるおもな結果を示す．

　これらの結果から，低炭素社会の実現に向けては，2050 年までに二酸化炭素排出量を年平均 2% で削減する必要があり，その実現にはエネルギー強度，炭素強度をそれぞれ年率 3%，2% で改善する必要があり，その実現は

けっして容易ではないことがわかる．

　また，循環型社会については，資源生産性そのものは先進国，開発途上国ともになりゆきケースでも大幅に改善されるが，対策ケースでは資源生産性の改善は加速する．これは，対策ケースにおいては化石燃料の消費が大幅に抑えられるためである．このことから，低炭素社会の構築は循環型社会の形成にも貢献することがわかる．ただし，開発途上国では経済発展にともない，2050年までに現在の世界全体の物質投入量以上の物質が毎年投入される可能性がある．

　また，低炭素社会の実現により，化石燃料の投入量が減少する一方，自然共生社会については，2050年までの森林面積の減少は途上国においても比較的小さいことから，世界全体でノーネットロスを実現させることは可能となった．ただし，バイオマスエネルギー需要や食料需要が増大すると，森林とバイオマス農地，農地の間での競合が起こることから，森林のバイオマス農地などへの転用が考えられ，上記の試算は楽観的なものと考えるべきである．

　また，世界全体だけではなく，地域を詳細に分析した場合，目標を達成させることができなくなる地域が現れるなどの問題が生じる可能性がある．こうしたグローバルな視点とローカルな視点をあわせて分析することが今後の課題であるとともに，持続可能性を分析するためにより適切な指標を検討し，持続可能性を実現するための政策を検討することが重要となる．

5.5　今後の長期シナリオのあり方

　現在，IPCC第5次評価報告書に向けて，SRESに代わる新しいシナリオ開発が進められている（Moss et al., 2010）．そこでは，RCP（Representative Concentration Pathways）とよばれる4つの放射強制力（$2.6 \mathrm{W/m}^2$, $4.5 \mathrm{W/m}^2$, $6.0 \mathrm{W/m}^2$, $8.5 \mathrm{W/m}^2$）を表す排出シナリオが示され，その結果をもとに大気海洋循環モデルが実行される予定である．また，温暖化影響のシナリオや社会経済シナリオについてもあわせて示される予定である．ここでのシナリオは，2100年を超える長期が対象であり，将来の社会経済活動，気候変動とその影響，さらには影響によるフィードバックが一体として示され，SRES

やGEO，MAの各シナリオのように社会の方向性のちがいが将来の気候変動にどのように作用するかを大局的に示したものである．

一方で，5.2.2 (2) でもふれたとおり，わが国の中長期（2020年や2050年）の温暖化対策に向けたロードマップづくりも進められている．また，地球温暖化対策推進法では，温室効果ガスの排出抑制などのために自治体が実行計画を策定することが示されている．こうした計画は将来の多様な社会像を示すという意味でのシナリオではないが，将来の記述という意味ではシナリオと同等の役割を有する．ただし，その内容は上記の世界シナリオとは異なり，具体的にどのように行動すればよいかを示したものであり，一般国民が理解し，納得できるように，詳細かつ具体的な記述が求められる．

また，長期のシナリオは気候変動問題で大きな進展がみられたが，MAのように生態系サービスに焦点をあてたシナリオなどさまざまな環境分野のシナリオがみられるようになった．5.4節で示したように，持続型社会の実現をめざしたシナリオ開発は，異なる種類の環境問題だけではなく，社会経済も整合的に取り扱う課題であるとともに，時間的には長期と短期，空間的には世界，地域，国，コミュニティなど重層的な検討が求められる．

以上のように，これまでは1つの整合するストーリーとして示されてきた環境の長期シナリオであるが，今後は，対象を社会・経済から地球システム全体にさらに拡張して記述される役割と，実際の政策への反映が可能となる詳細なシナリオとして記述される役割が期待されている．また，いずれのシナリオにおいても複数の課題，異なる時間スケール，異なる空間スケールの整合性が求められており，シナリオ作成の過程において，さまざまなステークホルダーの参加が求められる参加型のシナリオ開発も重要な役割を担うであろう．このようにシナリオ開発が対象とする分野，領域はますます広範になり，これらの統合化の重要性が高まるとともに，シナリオが対象とする個々の分野における分析・研究のさらなる進展が求められる．

文 献

Alcamo, J. (2001) Scenarios as Tools for International Environmental Assessments. European Environment Agency, Environmental Issue Report, No. 24.

Asia-Pacific Integrated Modeling Team (2007) Aligning Climate Change and

Sustainability : Scenarios, Modeling and Policy Analysis. CGER Report, CGER-I072-2007.

Chen, Y. ed.(2009)Energy Science & Technology in China : A Roadmap to 2050. Springer, Berlin.

Cosgrove, W. and Rijsberman, F.(2000)World Water Vision. Earthscan, London.

Department of Trade and Industry(2003)Options for a Low Carbon Future. DTI Economics Paper, No. 4.

Gallopin, G. *et al.*(1997)Branch Points : Global Scenarios and Human Choice. PoleStar Series Report No. 7.

IEA(2009)World Energy Outlook 2009. IEA, Paris.

IPCC(2000)Emissions Scenarios. Cambridge University Press, Cambridge.

Kemp-Benedict, E. *et al.*(2002)Global Scenario Group Futures, Technical Notes. PoleStar Series Report No. 9.

Kok, M. *et al.*(2002)Global Warming and Social Innovation. Earthscan, London.

Millennium Ecosystem Assessment(2005)Ecosystems and Human Well-Being, Vol. 2 Scenarios. Island Press, Washington, DC.（サマリーである Synthesis の翻訳は，Millennium Ecosystem Assessment 編，横浜国立大学 21 世紀 COE 翻訳委員会責任翻訳［2007］生態系サービスと人類の将来．オーム社）

Millennium Ecosystem Assessment Board(2003)Ecosystems and Human Well-Being. Island Press, Washington, DC.

Morita, T. and Robinson, J.(2001)Greenhouse gas emission mitigation scenarios and implications. *In* : Climate Change 2001 Mitigation. Cambridge University Press, Cambridge, 115–164.

Moss, R. *et al.*(2010)The next generation of scenaios for climate change reserch and assessment. Nature, 463 : 747–756.

OECD(2002)OECD 世界環境白書（環境省地球環境局監訳）．中央経済社．

OECD(2008)OECD Environmental Outlook to 2030. OECD, Paris.（日本語版サマリーは http://oecdtokyo2.org/pdf/theme_pdf/enviroment_pdf/20080305 envoutlook.pdf からダウンロード可能）

Raskin, P. *et al.*(1998)Bending the Curve : Toward Global Sustainability. PoleStar Series Report No. 8.

Rotmans, J. *et al.*(2000)Visions for a sustainable Europe. Futures, 32（Issues 9–10）: 809–831.

Scenario Study Team in Japan Low Carbon Society Scenarios toward 2050 (2006)Country-Specific Long-Term Emissions. LCS Research Booklet, No. 2.

Shukla, P. *et al.*(2003)Greenhouse gas emission scenarios : Climate change and India. *In* : Vulnerability Assessment and Adaptation. Universities Press, Hyderabad, 128–158.

UNEP (2002) Global Environment Outlook 3. Earthscan, London (国連環境計画編, 環境省地球環境局・地球環境センター訳 [2002] 地球環境概況3の概要. http://gec.jp/gec/JP/publications/GEO3.pdf).
UNEP (2007) Global Environment Outlook 4. Earthscan, London.
WBCSD (1997) Exploring Sustainable Development. WBCSD.
WBCSD (2000) The Wizard of Us-Sustainable Scenarios Project. WBCSD.
WBCSD (2005) Pathways to 2050-Energy and Climate Change. WBCSD.
アルカモ, J. ほか (1997) IPCCのIS92排出シナリオの評価（森田恒幸・村上奈穂子訳）. IPCC第3作業部会編『地球温暖化の経済・政策学』中央法規出版, 367-411.
アメリカ合衆国政府 (1980) 西暦2000年の地球1 人口・資源・食糧編（逸見謙三・立花一雄監訳）. 家の光協会.
アメリカ合衆国政府 (1981) 西暦2000年の地球2 環境編（逸見謙三・立花一雄監訳）. 家の光協会.
ハイデン, K. (1998) シナリオ・プランニング「戦略的思考と意思決定」（西村行功訳）. ダイヤモンド社.
ハモンド, A. (1999) 未来の選択（竹中平蔵監訳）. トッパン.
カーン, H. (1976) 未来への確信（小松達也・小沼敏訳）. サイマル出版会.
環境省 (2001) 4つの社会・経済シナリオについて―温室効果ガス排出量削減シナリオ策定調査報告書. 環境省地球環境局.
国立環境研究所AIMプロジェクトチーム (2009) 日本温室効果ガス排出量2020年25%削減目標達成に向けたAIMモデルによる分析結果（中間報告）. 地球温暖化問題に関する閣僚委員会第5回タスクフォース会合資料. http://www-iam.nies.go.jp/aim/prov/20091119_report.pdf
増井利彦・肱岡靖明・金森有子・原沢英夫 (2007) 環境シナリオ・ビジョンおよびその作成方法のレビューと2050年の社会・環境像. 環境システム研究論文発表会講演集, 35：277-285.
松岡譲ほか (2001) 地球環境問題へのシナリオアプローチ. 土木学会論文集, 678 (VII-19)：1-11.
メドウズ, D. ほか (1972) 成長の限界（大来佐武郎監訳）. ダイヤモンド社.
メドウズ, D. ほか (1992) 限界を超えて（茅洋一監訳）. ダイヤモンド社.
メドウズ, D. ほか (2005) 成長の限界 人類の選択（枝廣淳子訳）. ダイヤモンド社.
宮川公男 (1994) 政策科学の基礎. 東洋経済新報社.
島田幸司ほか (2006) 低炭素社会に向けた長期的地域シナリオ形成手法の開発と滋賀県への先駆的適用. 環境システム研究論文集, 34：143-154.
シューメーカー, P. (2003) ウォートン流シナリオ・プランニング（鬼澤忍訳）. 翔泳社.
シュワルツ, P. (2000) シナリオ・プランニングの技法（垰本一雄・池田啓宏

訳).東洋経済新報社.

参考ウェブサイト

21世紀環境立国戦略　http://www.env.go.jp/guide/info/21c_ens/index.html
超長期ビジョン検討　http://www.env.go.jp/policy/info/ult_vision/
脱温暖化2050プロジェクト　http://2050.nies.go.jp/index_j.html
麻生内閣総理大臣記者会見「未来を救った世代になろう」　http://www.kantei.go.jp/jp/asospeech/2009/06/10kaiken.html
地球温暖化問題に関する懇談会中期目標検討会　http://www.kantei.go.jp/jp/singi/tikyuu/kaisai/index.html
国連気候変動首脳会合における鳩山総理大臣演説　http://www.kantei.go.jp/jp/hatoyama/statement/200909/ehat_0922.html
地球温暖化問題に関する閣僚委員会タスクフォース会合　http://www.kantei.go.jp/jp/singi/t-ondanka/

第6章
サステイナビリティ学のネットワーク
—グローバルに協働する

武内和彦・小宮山宏

6.1 サステイナビリティの普遍性と固有性

　サステイナビリティ学は，地球持続性を追究する新たな学術である．それゆえ，地球規模の課題に世界が協働して取り組んでいくための共通認識をもち，共通戦略を構築していくことへの貢献がとくに求められる．その意味で，サステイナビリティ学は，世界的な普遍性をもった学術体系であるべきといえる．

　すでに本巻第1章で述べたように，世界各地で始まっているサステイナビリティ学創生に向けての取組には，高い共通性が認められる．それには，①問題解決型の学術であること，②文理融合型であること，③俯瞰的・統合的なアプローチがとられること，④世界共通の指標を用いた目標設定が必要なこと，⑤世代間の公平性に配慮し，長期的な問題解決をめざすこと，⑥先進国，新興国，開発途上国をまたがる問題解決をめざすこと，⑦問題解決のための行動指針となること，などが含まれる．

　いっぽう，サステイナビリティ学は地域の自然的，社会的，文化的特性を尊重した地域固有の問題解決をめざすものでなければならない．なぜなら，現代社会の非持続性は資源・エネルギーを大きく外部に依存し，エネルギー浪費，非循環的な資源利用，生態系への負荷増大をもたらしていることに起因するからである．これに対し，持続型社会とは地域に賦存する自然的・社会的・文化的資源を，再生可能エネルギー，循環型資源，生態系サービスとして資源を劣化させず利用し続けることのできる社会だからである．

　その意味でサステイナビリティ学には，世界的に普遍的な課題への挑戦とともに，地域に固有な問題解決が求められる．すなわち，①地域の自然的・

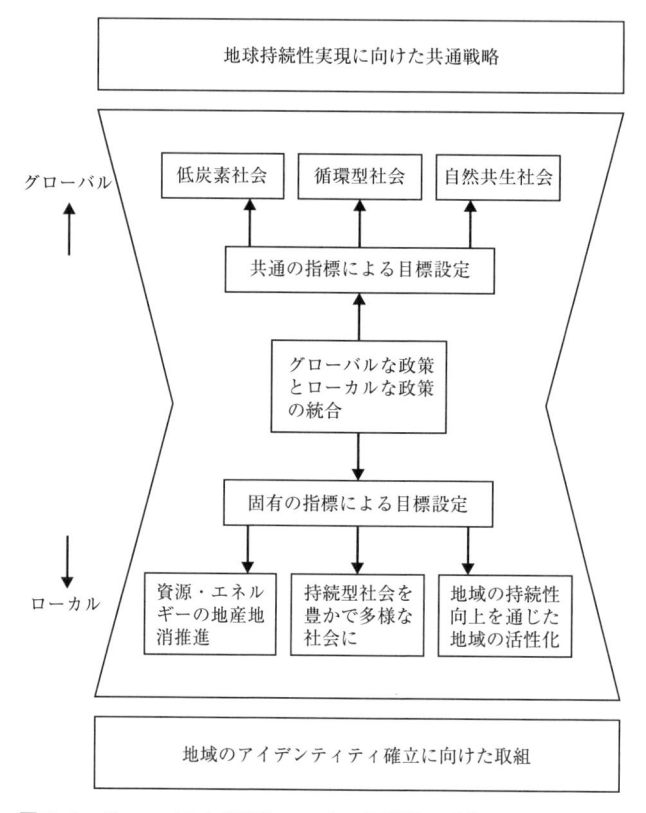

図6.1 グローバルな課題とローカルな課題の融合.

社会的・文化的資源を効率的・循環的に利用すること，②地域の生態系と調和した人間活動を行うこと，③地域に息づく伝統的な智慧を近代的な科学的知識と融合させること，④地域のさまざまなステークホルダーによる創意と参加によるさまざまな取組がなされること，などにより，地域の多様性を維持・向上させるような問題解決をめざすべきである．

　サステイナビリティ学において，さらに重要なことは，世界に普遍的な課題と地域に固有の課題の関連性を明らかにし，そのうえで，地域固有の問題解決が，結果的には普遍的な課題の解決にも同時につながるような，方法論の展開が求められる．たとえば，それぞれの地域における固有の資源・エネルギーをいかした地産地消型の地域づくりが，グローバルな観点での持続型社会づくりに貢献するといった考え方である（図6.1）．

また，これをサステイナビリティ学の国際展開という観点でとらえれば，それぞれの地域に固有な問題解決の方法があり，それらがおたがいに固有性を維持することによって，全体としての自然的・社会的・文化的多様性が確保されるとともに，気候変動，資源枯渇，生物多様性減少のような世界的な問題解決につなげていくという道筋がみえてくる．こうした取組を加速化させるためには，地域の固有性を尊重した取組を束ねる高次のネットワーク形成が必要となる．それが，本章で述べるネットワークオブネットワークス（Network of Networks；NNs）の概念であり，それに立脚したサステイナビリティ学メタネットワーク（sustainability science meta-network）構築に向けた取組である．

6.2　G8大学サミットとネットワークオブネットワークス（NNs）

サステイナビリティ学は，第1章で述べたAGS（東京大学，マサチューセッツ工科大学，スイス連邦工科大学，チャルマース工科大学の4大学連合）も含め，北米，欧州，アジアのトップクラスの大学・研究機関とそれらの連携により展開されてきた．それぞれの大学・研究機関が提唱するサステイナビリティ学は，それらが長年培ってきた研究教育上の強みを反映した特徴的な性格を有していることが多い．

たとえばサステイナビリティ学連携研究機構（IR3S）は，自然科学や工学に強みをもち，社会科学や人文科学の側面が弱いことが，この課題を評価する育成評価委員会などでたびたび問題視され，その改善に努めてきた経緯がある．しかし，地球持続性に関する多岐におよぶ課題にすべて対処するには，IR3Sのような日本の大学・研究機関をまたがる研究ネットワークでも不十分である．

そこで，IR3Sがつぎにめざしているのは，各国で構築されつつあるサステイナビリティ学に関するネットワークや，国や地域をまたがるネットワーク相互の連携を強化するという試みである．こうした考え方は，2008年に開催されたG8北海道洞爺湖サミットに先立って学術的課題をG8諸国とアウトリーチ国の主要大学の学長などが討議したG8大学サミット（2008年6月29日〜7月1日開催）でもその必要性がうたわれた．

北海道札幌市で開催されたこのG8大学サミットでは，筆者の小宮山が議長となり，「グローバルサステイナビリティと大学の役割」について2日間にわたって活発な討議が行われた．討議の結果は合意文書として「札幌サステイナビリティ宣言」にまとめられた．この宣言では，地球持続性（グローバルサステイナビリティ）の推進には，科学や社会のイノベーションを支えるナレッジイノベーション（knowledge innovation）と，各国の研究ネットワークを束ねるネットワークオブネットワークス（NNs）の構築が重要であるとされた．

ナレッジイノベーションについて宣言では，「科学者と，市民や政策決定者など他のステークホルダーとの対話を通じて，新たな科学的知識は，社会変革を促し，適切な政策の展開を助長する触媒となりうる．一方で，このような対話により，知識そのものの改革もさらに進み，社会がサステイナビリティの実現に向けて変革していくことを後押しする．このような社会と知識が相互影響し変革していくダイナミックな現象，すなわちナレッジイノベーションを推進していくことが，サステイナビリティの達成には重要である」と述べられている．すなわち，サステイナビリティ学がめざす地球持続性のための技術革新や社会変革に際しては，知識そのもののイノベーションがまず重要との考え方が示されたのである．

またネットワークオブネットワークスについて，宣言では「新しい科学的知識体系を構築するには，既存の研究学術分野を超えて，総合的に問題を解決することのできる統合的な枠組みが必要である．こうした観点から，これまで特定の課題ごとに構成されてきている既存のさまざまな研究ネットワークを，各々の実績・強みをいかした相互補完的な包括的連携ネットワーク（NNs）として統合化していくことが必要と考えられる」と述べている．ここでは，課題ごとのネットワークを相互補完的な体系にまとめあげる包括的連携ネットワークが提案されているが，これを地域ごとの固有性とネットワークごとのサステイナビリティ研究の強みに立脚したネットワークとして展開しようとするのが，サステイナビリティ学メタネットワークである．

こうしたサステイナビリティ学メタネットワークの構築は，持続型社会の構築をめざすという世界共通の課題と，それぞれの地域の自然的，社会的，文化的多様性を尊重するという，異なるレベルの課題解決を共存させること

にも貢献する．すなわち，先にも述べたように，低炭素社会，循環型社会，自然共生社会の融合による持続型社会の構築は，世界に共通する課題であるが，それをどう実現するかは，地域や国ごとに異なってしかるべきであり，その共存を図ることでより豊かな国際社会が形成されるのである．

再生可能エネルギーの開発を例にとると，太陽光，風力，バイオマス，地熱などの利用に際しては，地域の潜在的なポテンシャルを十分いかすことが重要である．再生可能エネルギーは，石油などのオフサイトを基本とする資源と異なり，資源のオンサイト利用を原則としており，分散型の施設配置になじむことから，エネルギーの地産地消による，地域内資源利用システムの構築にもつながると考えられる．

6.3 サステイナビリティ学メタネットワークの構築

IR3S では，科学技術振興調整費による戦略的拠点育成の追加的な資金の支援も得て，2008 年度からサステイナビリティ学に関する国際研究メタネットワークの構築を開始した．そのための第一歩として，これまで北米でサステイナビリティ学をリードしてきたハーバード大学の取組と連携するために，全米科学振興会（AAAS）の年次総会でのサステイナビリティ学関連行事に参加するとともに，IR3S が独自に企画するシンポジウム開催を行うなど，欧米の研究ネットワークとの交流を積極的に推進してきた．

ヨーロッパでは，気候変動とその適応策に重点をおくイーストアングリア大学を幹事校とするティンドールセンター，ストックホルム大学が幹事校となって生態系のレジリエンス（復元力，回復力）を扱うストックホルム・レジリエンスセンター，ローマ大学が幹事校となってエネルギー問題を扱うCIRPS などとの交流を深めてきた．とくに，ティンドールセンターとは，2009 年 5 月に「低炭素社会と地球持続性への道筋」と題したジョイント・シンポジウムを開催し，今後のこの分野における研究面での連携について討議が行われた．

それに先立つ 2009 年 2 月には，これらネットワークの関係者を招聘したメタネットワーク形成のための初めての国際会議である国際サステイナビリティ学会議（International Conference on Sustainability Science 2009；ICSS 2009）

図6.2 サステイナビリティ学メタネットワークの構造.

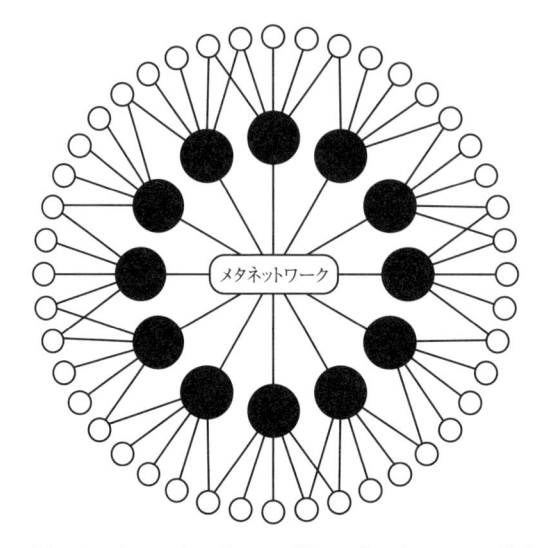

○ それぞれの地域重点領域ごとのネットワーク

● 各ネットワークの核となる中心大学,中心人物

が東京大学の本郷キャンパスにおいて開催された.このシンポジウムには,世界各地で展開されているネットワークの拠点校の責任者や実務担当者が招待された.この会議においても,サステイナビリティ学分野におけるメタネットワークの重要性があらためて確認された.

メタネットワークは,より効率的に上位のネットワークを形成するためには,それぞれのネットワークの核になっている中心大学,中心人物のネットワークを形成することがもっとも有効であるとの考え方にもとづくものである.それぞれの中心大学,中心人物は,それぞれの地域,それぞれの重点領域ごとのネットワークの核として機能しているので,それらを通じて上位のネットワークと下位のネットワークが,双方向的に結ばれるのである(図6.2).IR3Sが,この分野にかかわる研究者個人の集合ではなく,大学・研究機関を単位とする組織の集合であったことは,結果的に,こうしたメタネットワーク構築に大きく貢献するものであった.

ICSS 2009では,メタネットワーク形成に際しては,それを構成するそれぞれのネットワークに対して,①課題検討に際しての卓越性(saliency),②さまざまなステークホルダーに指示される正当性(legitimacy),③厳密な科学的基準からみた信頼性(credibility),が求められると結論づけられた.こ

こでいう信頼性は，知識が行動に結びつくことにより初めて得られる．さらにサステイナビリティ学は進化していくものであり，ある問題の解決が別の問題を引き起こすような個別的な解決をめざすのではなく，システムそのものの改善をめざすべきであるとされた（Kauffman, 2009）．

この会議では，いくつかの早急に対処すべき課題も明らかにされた．それらは，①開発途上国のネットワークや大学・研究機関の存在感を高めること，②教育についての議論を深めるとともに，学生の積極的な参加を促すこと，③産業界や NGO など大学・研究機関以外の積極的な関与を求めること，などである．このうち，とくに②③については，イタリアのローマで開催された第 2 回国際サステイナビリティ学会議（ICSS 2010）で，学生の参加を求め，学生の公開フォーラムを開催するとともに，企業や NGO を招いて，サステイナビリティ学における学術界と産業界，社会との関連性について議論することにつながった．

ICSS 2010 は，ローマ大学が主催し，IR3S，国連大学，アリゾナ州立大学が共催して，2010 年 6 月に開催された（図 6.3）．この会議では，とくに，学術界と，産業界，市民社会，政策決定者の関係強化が，持続可能性実現の大きな鍵を握るという認識が共有された．そのうえ ICSS 2009 で共通認識となった俯瞰的なものの見方と統合的アプローチに加えて，①政策につなげる

図 6.3　ローマで開催された ICSS 2010 の参加者．

際の柔軟性（flexibility），②グローバルな問題をローカルに解決する際の多様性（diversity），③参加型アプローチをとる際の包括性（inclusiveness），④サステイナビリティの危機に対する緊迫感（sense of urgency），などの視点が重要であるとともに，学術界と政策をつなぐガバナンス（governance）の構築が重要であることが指摘された．

　ICSS 2010 の大きな特徴は，産業界や NGO との連携により知識から行動への動きを促すことにあった．今後は，各ネットワークの構成要因として大学・研究機関以外に産業界や NGO，広く市民社会とのネットワーク形成が重要と考えられる．そのために，2010 年 10 月にはニューヨークの国連本部で，北米，ヨーロッパ，アジアから産業界のリーダーを招聘して，ICSS インダストリー・パネルを開催した．また，第 3 回目の ICSS は，2012 年 2 月にアリゾナ州立大学で開催することがすでに決定している．

　また IR3S が重点をおくアジアについても，メタネットワーク形成が重要である．IR3S 参加大学が長年にわたり学術交流を続けてきた中国の北京大学，清華大学，浙江大学，韓国のソウル大学校，ベトナムのベトナム国家大学ハノイ校，タイのアジア工科大学院（AIT）などがサステイナビリティ学メタネットワーク形成の際の拠点大学となると考えられる．また，こうしたメタネットワーク形成は，将来のアジアにおけるサステイナビリティ学教育連携にもつながるものと期待される．2009 年 11 月には，アジアにおけるサステイナビリティ学メタネットワーク形成のために，AIT と共催でタイのバンコクにおいて ICSS アジアを開催した．2011 年 3 月には，ベトナム国家大学ハノイ校と共催で，ベトナムのハノイにおいて第 2 回の ICSS アジアを開催する予定である．

6.4　国連大学によるアジア・アフリカにおけるメタネットワーク形成

6.4.1　気候・生態系変動適応科学（CECAR）の展開

　ICSS 2009 で指摘されたように，地球持続性実現のためには，新興国や開発途上国におけるサステイナビリティ学の展開が必要である．とくに，人口，資源・エネルギー消費などあらゆる面で地球持続性の鍵を握る成長するアジ

アと，気候変動など地球変動の影響をもっとも受けるアフリカにおいてメタネットワークの展開を図ることは，この分野の国際展開という観点からきわめて重要である．そこで，IR3S は 2009 年に国連大学（UNU）を協力機関に加えて，アジア・アフリカにおけるサステイナビリティ学メタネットワーク形成を推進している．

国連大学本部には，これまで環境と持続可能な開発，平和とガバナンスという 2 つのプログラムで研究・研修活動が実施されてきた．それぞれ理系，文系中心のこれら 2 つのプログラムを統合し，分離融合によるサステイナビリティ学推進のために，2009 年 1 月にサステイナビリティと平和研究所（UNU Institute for Sustainability and Peace；UNU-ISP）が設立され，筆者の武内が所長に就任した．それ以来，サステイナビリティ学メタネットワーク形成に向けた本格的な取組を開始した．

UNU-ISP が取り組むメタネットワーク形成の試みの 1 つが，気候・生態系変動適応科学推進のための大学間ネットワーク（University Network for Climate and Ecosystem Adaptation Research；UN-CECAR）である（図 6.4）．このネットワーク構想はアジア地域から始まった．アジア地域が，水田稲作を農業の基盤とし，また低湿なデルタに大都市が発達することから，温暖化の進行や異常気象の多発など気候変動の影響をきわめて受けやすい地域だからである．この構想では，生態系変動にも注目しているが，アジアは気候変動にともなう生態系変動の影響を受けやすい地域でもある．

ところで，気候変動と生態系変動は，それぞれ異なる国連条約の場において議論されてきた．その主たる議論の場は，それぞれ気候変動枠組条約と生物多様性条約であった．また気候や生態系の変動が，乾燥地での土地の劣化や人々の生活におよぼす深刻な影響ということになると，さらに砂漠化対処条約も関係してくる．これらの 3 条約は，いずれも 1992 年にリオデジャネイロで開催された環境と開発に関する国連会議（地球サミット）を契機に誕生したものである．しかし，その後は，それぞれが条約事務局をもち，また，それぞれの締約国会議や専門家会合も個別に開催されてきたため，それらの相互関係を議論するには，非常に不都合な状況が生まれている．そうした問題を考えるために，条約間のシナジーを考えていくことが重要な課題であると指摘する声も多い．

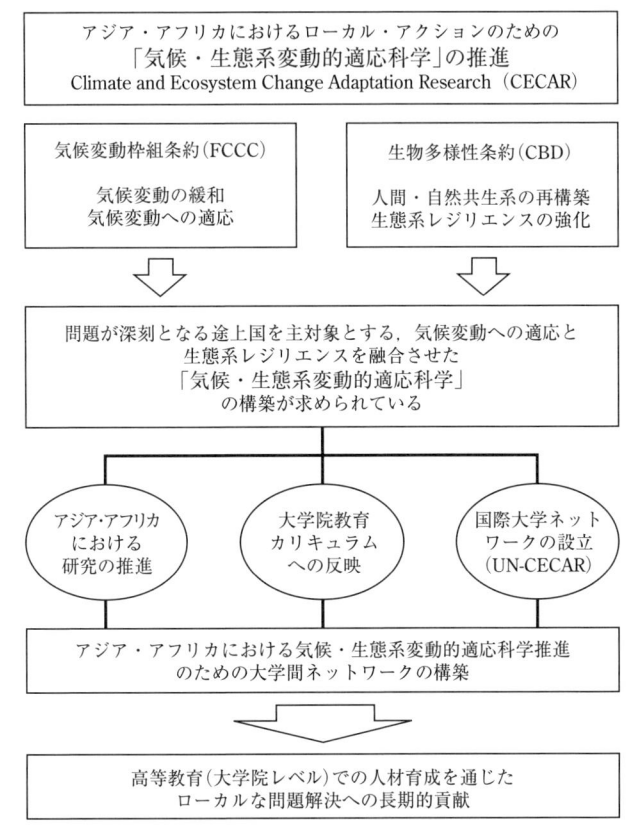

156　第6章　サステイナビリティ学のネットワーク

```
┌─────────────────────────────────────────────┐
│ アジア・アフリカにおけるローカル・アクションのための │
│     「気候・生態系変動的適応科学」の推進          │
│ Climate and Ecosystem Change Adaptation Research (CECAR) │
└─────────────────────────────────────────────┘

┌──────────────────┐   ┌──────────────────┐
│ 気候変動枠組条約(FCCC) │   │ 生物多様性条約(CBD)  │
│  気候変動の緩和     │   │  人間・自然共生系の再構築 │
│  気候変動への適応   │   │  生態系レジリエンスの強化 │
└──────────────────┘   └──────────────────┘
            ↓                   ↓
┌─────────────────────────────────────────────┐
│ 問題が深刻となる途上国を主対象とする，気候変動への適応と │
│       生態系レジリエンスを融合させた            │
│          「気候・生態系変動的適応科学」          │
│            の構築が求められている                │
└─────────────────────────────────────────────┘

 ┌────────┐    ┌────────┐    ┌────────┐
 │アジア・アフリカ│  │大学院教育  │   │国際大学ネット│
 │における    │    │カリキュラム│    │ワークの設立 │
 │研究の推進   │    │への反映   │   │(UN-CECAR) │
 └────────┘    └────────┘    └────────┘

┌─────────────────────────────────────────────┐
│ アジア・アフリカにおける気候・生態系変動的適応科学推進 │
│       のための大学間ネットワークの構築           │
└─────────────────────────────────────────────┘
                     ↓
┌─────────────────────────────────────────────┐
│   高等教育(大学院レベル)での人材育成を通じた      │
│       ローカルな問題解決への長期的貢献          │
└─────────────────────────────────────────────┘
```

図6.4　アジア・アフリカにおける気候・生態系変動適応科学（CECAR）の推進．

とくに，今後さまざまな緩和策がとられたとしても，今世紀中の気候変動が避けられないという状況認識のもとでは，気候変動の適応策を考えていくことが重要である．このことは，IPCCや気候変動枠組条約の締約国会議でも指摘されている．また，気候変動は，生態系に大きな影響をおよぼすので，生態系のレジリエンスを考えながら適応策を考えることが重要である．

ここでとくに注意をしたいのは，気候・生態系変動への適応策を考えると，それぞれの地域の自然的，社会的，文化的特性を十分評価する必要があるということである．これは，グローバルな問題への対応を考える場合にも，ローカルな特性をふまえたローカルな行動が重要であることを意味する．ここ

でもサステイナビリティ学メタネットワークを形成することの重要性が指摘できるのである．

アジアにおける UN-CECAR 構築のためのワークショップは，アジア地域ですでに3回にわたって行われている．2009 年 6 月には，最初のキックオフ会議を東京の国連大学本部で開催し，2009 年 8 月には，ベトナム国家大学ハノイ校との共催でベトナムのハロン湾で，2010 年 3 月には，ガジャマダ大学との共催でインドネシアのジョグジャカルタで，2010 年 11 月には，スリランカで，それぞれワークショップが開催された．

これらのワークショップでは，アジア地域の共通性とそれぞれの国ごとの特質に留意しながら，共通に利用できるカリキュラムの開発や，共通の教科書の作成を進めるとともに，参加大学が連携して学生の交換，単位互換や，遠隔講義などを実施する可能性について協議している．また将来は，二重学位や共同学位が発行できる連携教育プログラムへと発展させていきたいと考えている．2010 年 9 月には，参加大学の学生を集めて，国連大学サステイナビリティと平和研究所において，討議の成果をふまえ，実際に大学院レベルの集中講義が実施された．

また気候・生態系変動適応科学を問題の現場で活用し，気候変動への緩和策や，生態系サービスをいかした地域づくりを具体的に展開していくには，行政官，実務者，NGO などがこの問題への理解を深めることが必要である．そのため，関係者に対する教育や再教育が求められる．UN-CECAR はそうした要求にも応じられるような教育体制を構築する予定である．

いっぽう，アフリカにおいては，2009 年 10 月にガーナにある国連大学アフリカ自然資源研究所（UNU-INRA）との共催で，UN-CECAR 構築のためのワークショップを開催した．このワークショップでは，とくにアフリカにおいては，気候・生態系変動適応策と，国連の提唱するミレニアム開発目標に代表されるような貧困撲滅方策とを融合させていく必要性が強調された．また，アフリカでは，砂漠化の進行が著しいことから，気候変動枠組条約，生物多様性条約に加えて，砂漠化対処条約への取組とも関連させる必要があることも指摘された．今後は，つぎに述べるアフリカにおける持続発展教育とも関連させながら，アフリカにおける気候・生態系変動適応科学の大学間ネットワーク形成を図っていく予定である．

6.4.2 アフリカにおける持続発展教育（ESDA）の展開

　アフリカにおける持続可能性は，人口増加，環境劣化，政策の失敗などさまざまな要因に起因する貧困の撲滅と深く関係している．持続可能性と貧困撲滅は，ミレニアム開発目標においても重視されており，この問題に取り組む意義は大きい．しかし，こうした問題を解決するのは容易ではないこともまた事実である．先進国が，経済援助や技術援助などを通じてこの問題の解決に向けた貢献をすることはもちろん重要であるが，より根本的には，地域で問題解決に取り組む人材育成が必要不可欠である．

　わが国が提唱し，UNESCO が中心となって推進している持続可能な発展のための教育（略して持続発展教育，Education for Sustainable Development；ESD）は，まさにそうした人材育成の養成にかなうものである．2005 年以来，国連では，「持続発展教育のための10年」を掲げており，この分野の発展が期待されている．提唱者であるわが国は，持続発展教育の国際展開を積極的に支援すべき立場にある．そうした背景から，UNU-ISP では，文部科学省の支援を受けて，新たに「アフリカにおける持続発展教育」の事業を展開している．

　この事業の特徴は，いくつかのテーマを選んで，その分野に強いアフリカの大学とわが国の大学の両方から，専門家の参加を募り，ステアリング・コミッティーを設けて，ワークショップやインターネット会議などを介して議論を重ね，最終的に大学院修士レベルの教育プログラムを共同で開発しようとする点にある．わが国の大学との連携を希望していても具体的な手がかりがないアフリカの大学と，アフリカに関心があっても具体的な手がかりがないわが国の大学を，UNU-ISP というプラットホームで結ぼうとしているのである．UNU-ISP はいわば，触媒として，ファシリテーターの役割を果たすのである．

　選ばれたテーマは3つである．(1) は農村の社会経済開発であり，ガーナ大学が幹事校となり，クマシ科学技術大学（KUNST，ガーナ），開発研究大学（UDS，ガーナ），イバダン大学（University of Ibadan，ナイジェリア），ナムディ・アジキウェ大学（Nnamdi Azikiwe University，ナイジェリア），名古屋大学が参加している．(2) は持続可能な都市開発であり，ケニヤッタ大学

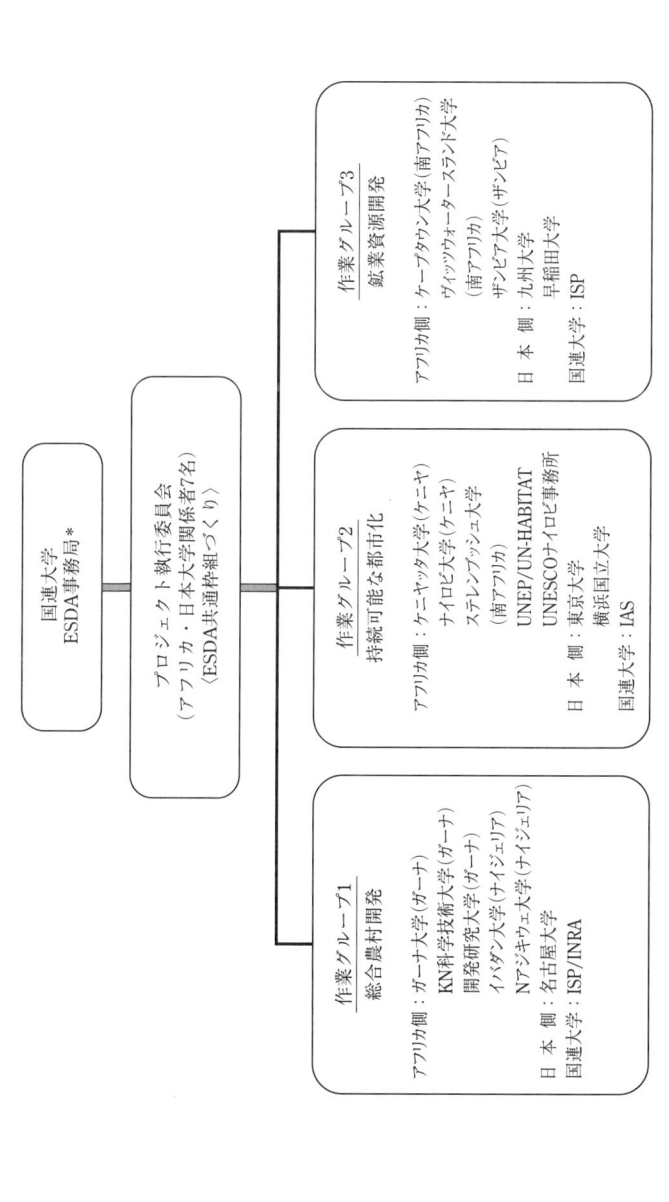

```
┌──────────┐
│ 国連大学  │
│ ESDA事務局*│
└────┬─────┘
     │
┌────┴──────────────┐
│ プロジェクト執行委員会 │
│(アフリカ・日本大学関係者7名)│
│〈ESDA共通枠組づくり〉│
└────┬──────────────┘
```

```
作業グループ1                作業グループ2                作業グループ3
総合農村開発                持続可能な都市化              鉱業資源開発

アフリカ側:ガーナ大学(ガーナ)   アフリカ側:ケニヤッタ大学(ケニヤ)  アフリカ側:ケープタウン大学(南アフリカ)
      KN科学技術大学(ガーナ)        ナイロビ大学(ケニヤ)         ヴィッツウォータースランド大学
      開発研究所(ガーナ)          ステレンブッシュ大学              (南アフリカ)
      イバダン大学(ナイジェリア)        (南アフリカ)              ザンビア大学(ザンビア)
      Nアジキウェ大学(ナイジェリア)   UNEP/UN-HABITAT
                          UNESCOナイロビ事務所
日本側:名古屋大学            日本側:東京大学            日本側:九州大学
                             横浜国立大学                早稲田大学
国連大学:ISP/INRA            国連大学:IAS              国連大学:ISP
```

*国連大学サスティナビリティと平和研究所(UNU-ISP)が主導、高等研究所(UNU-IAS)、アフリカ自然資源研究所(UNU-INRA)が参加。UNESCO、UNEP、UN-HABITATなど国連機関と連携・協力。

図6.5 アフリカにおける持続発展教育(ESDA)推進体制.

が幹事校となり，ナイロビ大学，ステレンブッシュ大学（Stellenbosch University, 南ア），UNESCO, UNEP, UN-HABITAT（いずれもナイロビ），東京大学，横浜国立大学が参加している．(3)は鉱物資源開発であり，ケープタウン大学が幹事校となり，ザンビア大学，ヴィッツウォータースランド大学（University of Withzwatersrand, 南ア），九州大学，早稲田大学が参加している．

(1) 農村の社会経済開発

　アフリカにおける持続可能な発展を考えるうえで農村は，とくに重要である．自然資源に恵まれていながら，その持続的な管理と利用が十分行われていないために，自然資源の劣化が進んで貧困の問題をもたらしている．アフリカでは，環境保全と経済社会開発を両立させるような持続可能な農牧業を営むための具体的な方策を示していく必要がある．持続発展教育という面からとくに重要なのは，コミュニティレベルの能力形成と，地域における生活の基盤強化による人々の福利の向上である．

　ここでは，一方で，気候・生態系変動適応科学との連携を図ることも重要である．なぜなら，気候や生態系の変動は，農牧業に大きな影響を与えると予測されているからである．とくに半乾燥地域では，砂漠化の進行による土地の劣化が，持続可能性に対して大きな脅威となっており，気候・生態系変動は，それをさらに深刻化させる可能性が高い．したがって，いかにレジリエンスを高められるかを考慮しながら，変動に対して柔軟に対応できるような社会システムの構築が求められる．

(2) 持続可能な都市開発

　人口増加が進むアフリカにおいて都市はますます肥大化している．農村部からの人口流入も顕著である．こうした都市の人口増加に，都市のインフラ整備が追いつかず，都市部の環境悪化が進むとともに，都市の周辺部に広大なスラムが形成されているのが，アフリカ大都市が抱える現状の問題である．こうした問題の解決への糸口を見出すためには，コミュニティを基礎とした，社会変革のための基盤づくりが必要である．たとえば，ボトムアップ型の都市計画の策定などが有効ではないかと考えられる．

環境悪化が著しいアフリカ大都市では，都市の衛生環境の改善が大きな課題である．また，気候・生態系変動は，感染症の拡大などの影響をもたらす可能性が高い．したがって，そうした事態も想定しながら，開発途上国にふさわしい持続型都市の形成を図ることが望まれる．ここでも，地球的課題と地域的課題の融合を図ることが重要である．すなわち，地球環境への負荷を軽減させる対策を講じると同時に，人々の生活の豊かさの向上につながるような，積極的な都市環境づくりが求められる．

(3) 鉱物資源開発

アフリカは鉱物資源に恵まれた地域である．鉱物資源の利用に際しては，採掘にともなう環境破壊が問題となる．採掘そのものは限定された場所で行われるが，大規模な土地改変をともなうため，地下水汚染など周辺の環境を悪化させる危険性も高い．採掘後の環境修復を含め，いかに環境に配慮しつつ鉱物資源を採掘していくかは，アフリカ地域における大きな課題である．公害問題に苦しんだ過去の日本の経験なども参考にしながら，持続可能な鉱山開発のあり方を検討していく必要がある．

また鉱物資源は採掘量に限界があることから，今後はいかに循環的に利用していくかが大きな課題となる．循環型社会づくりでは，鉱物資源，とくに希少金属などを利用した後，リサイクルして再利用する仕組みづくりが必要である．残念ながら，リサイクルシステムが確立していないアフリカでは電子機器の廃棄物（e-Waste とよばれる）が大きな問題となっている．問題となる廃棄物を，積極的に資源として再利用していけるような体制づくりを考えていくことも，このテーマに含まれる大きな問題である．

6.5　さらなる発展を求めて

このように，比較的短期間で IR3S は日本の国内におけるサステイナビリティ学に関するネットワーク型研究拠点から，世界を視野に入れたメタネットワーク研究拠点へと展開してきた．今後，国際的なメタネットワーク形成において IR3S がどこまでリーダーシップを発揮できるかは，大きな挑戦的課題である．IR3S が，その設立の当初から，国際学術誌 "Sustainability Science"の刊行を決断したのも，そのためである．欧米と並ぶサステイナビリティ学の世界的拠点をアジアに形成し，アジア・アフリカを中心とした開発途上国の学術の発展に貢献するためには，これからも積極的に国際活動を展開していく必要がある．

　また，本章で繰り返し強調したように，サステイナビリティ学では，学術的成果を地球持続性実現のための行動につなげることがとくに求められる．その意味で，これまで形成してきた大学・研究機関の国際メタネットワーク形成とともに，国連機関，国際機関，政府，地方自治体，企業，NGO，市民などとの国際連携を推進していく必要がある．この点に関しても，NNsの考え方にもとづき，それぞれの地域，それぞれの組織の中心となる責任者や担当者を特定し，階層的なネットワーク形成を行うことで，効率的かつ現実的な対応が図られると考えられる．

　同時に，市民社会の広がりのなかで，地球持続性に関する問題認識を深め，問題解決に向けての取組を促すためには，さらなる普及活動が必要と考えられる．これまでは，こうした取組はそれぞれの国ごとになされていたが，今後は，国連などを通じて国際的なキャンペーンを展開していくことが重要になってこよう．社会との相互作用により進化していくサステイナビリティ学においては，社会における地球持続性の主流化が発展のもう1つの鍵を握っていると考えられる．

文　献

Kauffman, J. (2009) Advancing sustainability science : Report on the international conference on sustainability science ICSS9 2009. Sustainability Science, 4 : 233-242.

Komiyama, H. and Takeuchi, K. (2006) Sustainability science : Building a new discipline. Sustainability Science, 1 : 1-6.

小宮山宏（1999）地球持続の技術．岩波書店．

小宮山宏（編）（2007）サステイナビリティ学への挑戦．岩波書店．

武内和彦（2007）地球持続学のすすめ．岩波書店．

終　章
持続可能で豊かな社会を求めて

武内和彦

　わが国の環境政策は，地域環境への極度な負荷を与えた公害問題の解決に始まり，より豊かな快適環境の創造を求める時代を経て，地球環境への広範な負荷を与える地球環境問題の解決をめざす方向へと発展してきた．本シリーズで焦点があてられた低炭素社会，循環型社会，自然共生社会についても，それぞれ，地球温暖化の進行，資源の浪費と枯渇，生物多様性の減少，といった地球環境への負荷を大幅に軽減するという意図が込められている．しかし，この終章で強調しておきたいのは，持続型社会の大きな目標設定が，負荷の大幅軽減だけに終わってはならないということである．

　そもそも公害問題の解決に大きな成功をおさめたわが国がOECDによる環境政策のレビューで批判されたのは，公害問題の解決という点では大きな成果をおさめたにもかかわらず，アメニティという言葉で代表される豊かな社会づくりにまでおよんでいないという点であった（OECD, 1978）．このレビューでは，それを人間の健康にたとえて，「病気の主たる原因は除去されたにもかかわらず依然として健康であるとはいえない」と述べている．しかし，地球環境問題の台頭は，アメニティを環境政策の主流から引きずりおろしたのである．

　もちろん，まちづくりの現場などでは，引き続き，地域の活性化などと関連させつつ，豊かな環境づくりが進められてきた．とくに景観行政に代表される町並みや村並みの保存や創造は，歴史的環境への再評価の高まりとともに，市民を巻き込んだ大きな運動として各地で展開されるようになってきている．国でも，そうした動きを受けて，2004年6月には景観法など三法（景観緑三法と総称される）を制定し，そうした新たな豊かさの観点からの地域づくりを積極的に支援している．しかし，問題は，そうした豊かさをめざす

地域環境政策と環境負荷の軽減をめざす地球環境政策の連携が十分図られていないということである．研究者や行政担当者も，一般に異なる分野や部署に属していて対話も少ない．

　ここに，サステイナビリティ学として，もう1つ乗り越えなければならない課題が存在することに気がつく．すなわち，低炭素社会，循環型社会，自然共生社会の3社会像の統合にもとづく持続型社会の形成が，いかに次世代の豊かな社会の創造につながっていくのかという展望を示すことである．これは，公害問題の解決からアメニティあふれる環境へと，その視点を移そうとして十分なしとげられなかったこれまでの課題への再挑戦と考えられるのではないか（武内，2003）．すなわち，人間社会が存続していくということは，たんに地球環境への負荷を大幅に軽減させればよいというものではない．ここには，もう1つ，人間社会の存続にかかわる「豊かさの実現」という大きな命題が潜んでいるのである．

　この点で，とくに注目されるのはグリーンイノベーションの考え方である．これは，近年の世界金融危機からの脱却とも関連させつつ主張されている政策提言であるが，要は持続型社会づくり，とりわけ低炭素社会づくりのための社会変革が，危機からの脱却とともに，新たな経済社会の構築につながるという考え方である．ここには，負の問題解決を，正の社会づくりに転じさせようとする積極的な意思が示されている．同時に，ここには，実体経済を離れた国際金融市場の脆弱さとガバナンスの欠如を認識した結果として，実体経済とローカルなガバナンスを再評価する大きな動きが潜んでいるように思われる．

　このことは，異なる政策課題の融合により相乗効果の高い問題解決をもたらそうという考え方にもつながってくる．本巻の主担当編者である小宮山は，序章でも述べたように「プラチナ構想ネットワーク」を提唱し，わが国の地方自治体や大学・研究機関の参加を求めて，新たな社会づくりに乗りだしている．この発想の原点は，低炭素社会と高齢化社会という，21世紀日本の重要な課題を結びつけることにより，低炭素化の推進が，新産業の創造や地域経済の推進力につながり，同時にバリアフリーの安全・安心で豊かな高齢化社会につながるような地域単位での社会実験を促すものである．

こうした考え方は，広くわが国の持続型国土の再構築にも適用できる考え方である．本格的な人口減少・少子高齢化時代を迎えるわが国において，気候変動の緩和と適応策を進めていく際には，都市のコンパクト化や，脆弱な環境の緑地化が有効な手段となる．その際に，そうした政策を，空洞化が進んだ中心市街地の再活性化，高齢者の都心回帰による安全・安心な暮らしの確保，脆弱な土地の緑地化を通じての市民と自然のふれあいの場の確保，といった政策と結びつけていくことで，豊かな都市環境をつくることにも貢献できると考えられる．こうした縮退の都市計画論は，21世紀日本の大きな課題である．

　農村部の見直しも重要である．それぞれの地域で，資源・エネルギーの地産地消化が図られる必要がある．これまで海外に多くを依存していたエネルギー資源や，農林水産資源を国内で再生可能なものとして循環的に利用していくことは，工場の海外移転が進んで疲弊している地域の活性化につながると考えられる．また兵庫県豊岡市のコウノトリの野生復帰や，新潟県佐渡市のトキの野生復帰にみられるように，それらの生息環境の整備が，地域の人々に新たな誇りをもたらし，しかも野生復帰にともなって餌場となる水田地帯での低農薬・有機農業の振興が，高付加価値の米の生産につながり，さらに観光客の増加につながるなど，自然共生社会づくりが，地域の経済的な活性化にも貢献する事例もみられるようになった．

　いっぽう，経済成長著しい中国，インドなどの新興国では，大気汚染，水質汚染などの局地的な公害問題と，温暖化効果ガス排出，資源の大量消費，生態系の劣化や砂漠化といった地球規模の環境問題が同時に発生している．こうした国々に対しては，わが国の先端的な環境技術を用いた国際協力を積極的に推進するとともに，地域規模の環境問題と地球規模の環境問題を同時に解決するためのコベネフィット・アプローチをとることが有効と考えられる．このことは工業化が進んでいる大都市の環境改善において，とくに効果を発揮するものと考えられる．

　新興国では都市化の進展も著しい．こうした都市化の過程で，いかに農村部と調和した都市づくりをめざすかは困難な課題である．ここでは，低炭素・循環・自然共生型の持続型都市をめざすことが，長期的な経済成長を保

障するもっとも有効な方法であることを実証的に示していく必要がある．私たちがかかわっている中国の天津市は，中国でもっとも経済成長をとげつつある大都市であるが，ここでも都市と農村の経済格差（いわゆる三農問題）が大きな問題となっている．都市と農村を結びつける循環型都市の構築は，農村部の人々の豊かな暮らしにもつながるのである（本シリーズの第5巻第4章参照）．

　またその他の途上国，とくに最貧国とよばれるような国々では，持続型社会の構築と貧困撲滅，人間の福利向上は相互に不可分の関係にある．資源・エネルギーの浪費や生物多様性・生態系の破壊をともなわない持続型社会が，けっきょくは，長期的な視点でみたとき，貧困の撲滅や人間の福利向上を通じて，豊かな社会づくりにつながっていくことを実証していく必要がある．これは，「持続可能な開発」という考え方そのものに他ならない．とくにアフリカ諸国では，ミレニアム開発目標が提唱され，2015年の目標達成に向けた取組が進められているが，多くの目標は達成困難とみられている．サステイナビリティ学は，こうした地域の問題に対して，これからも関心をもち続け，問題解決に貢献していくべきである．

　とくに持続可能性の観点から開発途上国において求められるのは，地域の実体に即した持続可能な開発の道筋を探るということである．とくに，地域の自然や文化をいかすとともに，地域の人々に受け継がれてきた伝統的な知識を活用した持続型社会づくりが求められる．このことは，とくに持続型社会づくりにおいて，地域的な多様性を生みだし，それぞれの地域を個性的で魅力あるものにすることにも貢献するであろう．もちろん，先端的な環境技術の導入も，人口増加，環境破壊が進行している現状では必要不可欠であるが，それをいかに地域が育んできた伝統的な知識と融合させ，地域らしい方策にまとめあげることも，知識の構造化をめざすサステイナビリティ学にとって，きわめて重要な課題なのである．

　いまだ誕生してまもないサステイナビリティ学が今後どのように発展していくかを予測することは時期尚早であろう．しかし，現在の世界的なサステイナビリティ学創生の大きな流れをみると，それが21世紀前半には，既存の学術と肩を並べる学術体系に発展することが期待される．ここでは，サス

テイナビリティ学の主たる発展方向について，私たちの試論を述べておくことにしたい．

第1は，サステイナビリティ学とはなにか，サステイナビリティ学を特徴づけるものはなにかという議論が現在さかんに行われている．これは，いまだ学術界に定着しているとはいいがたいこの分野の理解を広めるためには避けて通れない道筋であることはまちがいない．本巻でも，そのことを目的とした論述が進められてきた．しかし，これからは，より具体的に，サステイナビリティ学はいかに役に立つのか，サステイナビリティ学を通じた研究教育がこれまでとどのようにちがうのかを実証的に示す段階に移っていくであろう．

すでに本シリーズでも，低炭素社会，循環型社会，自然共生社会，アジアの持続可能性，などの議論の展開に対して，創生まもないサステイナビリティ学が果たしてきた役割と成果が述べられているが，今後は，より体系的に，サステイナビリティ学の有用性を示していくことが求められる．

第2は，人材育成である．本シリーズではサステイナビリティ教育についての議論は行っていないが，教育がこの分野の発展にとって重要であることは，いうまでもない．既存の学術体系を理解しながらも，新たに俯瞰的で複合的な問題を理解し，統合的な問題解決に貢献できる人材育成はサステイナビリティ学の大きな課題である．

また，地球持続性の課題は国境を越えた問題に起因しており，新興国や開発途上国を含む国際的な場で活躍できる人材育成も求められている．こうした課題に応えるべくサステイナビリティ・プログラムが世界各国の大学で設けられ，その数は，今後ますます増加していくものと考えられる．その意味から，わが国の大学における教育連携を進めるとともに，教育分野で国際連携を強化していく必要がある．

第3は，普遍性と固有性を兼ね備えたサステイナビリティ学の進展のためには，多極型の拠点形成を図る必要があるということである．自然科学のみならず，社会科学や人文科学でもアメリカ合衆国の著名大学を頂点とする学術界の世界的なスケールの序列化が進みつつある．ここでは，そのことの是非について論じることは避けるが，少なくともサステイナビリティ学はそうであってはならない．

なぜなら，サステイナビリティ学がめざす地球持続性という普遍的な課題と地域の自然的・文化的多様性の確保の共存をめざすという基本的な立場からは，ある国の学術界を頂点とした序列化はまったくなじまないからである．むしろ世界の各地域で拠点形成が図られ，そうした拠点どうしが，水平的な関係でグローバルなネットワークを形成するというかたちが望ましい．その意味で，第6章で述べたサステイナビリティ学のグローバル・メタネットワークが大きく発展していくことを期待したい．

文 献

OECD（経済協力開発機構）(1978) 日本の経験―環境政策は成功したか（国際環境問題研究会訳）．日本環境協会．

武内和彦 (2003) 環境時代の構想．東京大学出版会．

索引

200年住宅　124
2050年　5-7
21世紀環境立国戦略　25, 119, 122, 139
21世紀持続型社会　24, 139

AGS　11, 14-16, 20, 149
AIT　154
CIRPS　10, 151
COP15　126
DSDS　27
ETH　17
G8大学サミット　149
G8北海道洞爺湖サミット　122, 149
GDP　125, 127, 133, 140
GEO　143
ICAS　19, 20
ICSS 2009　151, 152
ICSS 2010　153, 154
ICSSアジア　154
ICSU　9
ICT　124
IEA　120
IPCC　27, 50, 85, 92, 120, 126, 134, 156
IPCC第3次評価報告書　134
IPoS　17
IR3S　4, 10, 17-20, 23, 67, 149, 151-153, 155, 161
IT　58, 92, 93
KSI　19, 20
MA　120, 134, 136, 143
MIT　15, 16
NNs　89-91, 149, 150
OECD　120
OECD環境見通し　134, 137, 138
RISS　19, 20
SEI　120
SGP　19, 20

SRES　134, 142
「story-and-simulation」アプローチ　125
TIGS　19, 20
Triple 50　26, 27
UN-CECAR　155, 157
UNEP　120, 134
UNESCO　158
UNU-ISP　155, 158
WBCSD　120
WCED　9

ア行

アウトリーチ　85
アクター　48, 50, 57, 61, 62, 99, 104, 106, 109-111, 114
アグロフォレストリー　70
アーサー・D・リトル　100
アジア　25, 27, 102, 103, 106, 155, 157
アジア工科大学院（AIT）　17, 154
アブダクション　45-47, 56
アフリカ　27, 102, 103, 106, 155, 157, 158, 161
アフリカにおける持続発展教育　158
アメニティ　163, 164
アリゾナ州立大学　153, 154
安全保障優先シナリオ　135
イギリス　113, 120
イーストアングリア大学　151
イタリア　126
イノベーション　33, 57-60, 97-99, 104, 106, 109-111
イノベーション・システム　109-111, 114
イノベーション・プロセス　113
茨城大学　18
茨城大学地球変動適応科学研究機関（ICAS）　18
意味的な（セマンティックな）ネットワー

ク 75
インセンティブ 110, 114, 122, 135
インド 25, 26, 120, 165
インドネシア 25
引用関係ネットワーク 76
引用ネットワーク分析 69, 73
エコロジカル・フットプリント 70
エネルギー 5, 94, 111
エネルギー供給の持続可能性 82
エネルギー強度 141
エネルギー効率化 83
エネルギー効率の3倍化 6
エネルギー自給率 26
エネルギー使用量 86
エネルギー・フロー分析 108
エリノー・オストロム 101
演繹 45
欧州 106, 111
大阪大学 18
オフサイト 151
オープン・イノベーション 97
オープンプロセス 134
オランダ 120
オンサイト 151
温室効果ガス 1, 123, 126
温室効果ガス排出量 132, 137
オントロジ 75

カ行

快適生活環境社会 123
概念の階層構造 75
開発性科学 33, 37, 38, 40, 50, 103
開発途上国のメタネットワーク 153
「科学・技術・社会」研究（STS） 108
科学経済学 106
科学社会学 106
科学的知識 35, 37, 41
学術の細分化 10
化石燃料 2, 5, 7, 11, 26, 85, 142
仮説的推論 3, 45
風の道 124
カドミウム 112
カドミウム・テルル（CdTe）型の太陽電池 112

ガーナ大学 158
ガバナンス 164
カール・ポパー 43
環境汚染 123
環境学 4
環境規制 98
環境経済 70
環境コンシェルジュ 93
環境税 70
環境政策 98, 163
環境性能 124
環境像 123, 125
環境調和型社会基盤技術 14
環境と開発に関する国連会議（地球サミット） 155
環境と開発に関する世界委員会 9, 66
環境への負荷 122
観察型科学者 48-50, 57
飢餓 22
気候システム 67
気候・生態系変動適応科学（CECAR） 154, 156, 157, 160
気候変動 138
気候変動の適応策 156
気候変動枠組条約（FCCC） 49, 155, 156
希少金属 161
基礎研究 50, 60
既存知識の構造 77
帰納 45
逆浸透膜 113
逆製造 53-55
九州大学 160
教育 110, 153
共進化 2, 3
京都大学 18
京都大学サステイナビリティ・イニシアティブ（KSI） 18
漁業 70, 72
金融市場 113
金融システム 110
グリーンイノベーション 164
グリーン・ニューディール政策 103
グローバル 34, 148, 156
グローバルサステイナビリティ 150

索　引　171

グローバル・メタネットワーク　7, 168
景観緑三法　163
経済格差　166
ケニア　101
ケニヤッタ大学　158
ケープタウン大学　160
健康　163
言語の進化　44
合意形成　136
公害問題　1, 11, 21, 81, 161, 163-165
工学　33, 38
構成　3, 4, 45
構成型　60
構成型科学者　50
構成的な行為　56
構造　78
構造化知識　92, 93
構造的な溝　90
行動　34, 37, 153
行動の構造化　3, 12, 65, 82, 83, 86-88, 91, 93
鉱物資源開発　161
高齢化　124
高齢化社会　164
国際科学会議　9
国際サステイナビリティ学会議　151
国際メタネットワーク形成　162
国際連合大学（国連大学；UNU）　20, 27, 153, 155, 157
国立環境研究所　20, 24, 131-133, 139
国連大学アフリカ自然資源研究所（UNU-INRA）　157
国連大学サステイナビリティと平和研究所　155
コベネフィット・アプローチ　165
コミュニティ　90, 124
ゴールの設定　78, 80

サ行

再帰性　55
再帰的構造　47
再帰的なループ　44, 47, 50, 53
再生可能エネルギー　130, 131, 147, 151
再生可能エネルギー開発　2

再生可能な資源　66
再生不可能な資源　66
最適な設計　87
サステイナビリティ・イノベーション　103, 114, 115
サステイナビリティ学　4, 5, 7, 9, 12, 31, 34, 35, 39, 65, 67, 103, 147, 162, 164, 167
サステイナビリティ学教育プログラム　23
サステイナビリティ学の概念　21, 100
サステイナビリティ学の知識構造　77, 79
サステイナビリティ学メタネットワーク　149, 150, 152
サステイナビリティ学連携研究機構　4, 10, 17, 67, 149
サステイナビリティ・ガバナンス・プロジェクト（SGP）　18
サステイナビリティ・サイエンス研究院（RISS）　18
サステイナビリティ・サイエンス・コンソーシアム（SSC）　20
サステイナブル・ディベロップメント　102
里地里山　123
砂漠化対処条約　155, 157
札幌サステイナビリティ宣言　150
サプライ・チェーン・マネジメント　130
参加型アプローチ　154
産学官連携　108
産業競争力　99
産業の重心移動　57
三農問題　166
ジェーン・ルプチェンコ　101
時系列分析　79
資源　5, 54
資源・エネルギーの地産地消化　165
資源生産性　139
資源節約型ライフスタイル　22
資源の循環的な利用　122
試行錯誤　43, 47
市場優先シナリオ　134
自然共生社会　5, 7, 123, 140, 142
自然資源の劣化　160
自然システム　101
自然・社会システム　102

172　索　引

自然と人間との共生　122
持続型社会　5, 6, 16, 28, 57, 84, 91, 119, 121-123, 147, 164, 166
持続可能性　9, 31, 43, 61, 65, 68, 82, 94, 104
持続可能な開発　5, 9, 102
持続性科学　35, 41, 103
持的進化　48, 56
シナリオ　119, 121, 127
シナリオ・プランニング　119
シナリオ分析　119
指標　78, 79, 82
邪悪なるもの　34, 36, 37, 44, 51-53
社会　62
社会技術　46
社会システム　21, 22, 26, 65, 67, 92
社会像　124, 125
社会的適応　31, 32
集合的・協調的行動の促進　86
重心移動　57
循環型資源　147
循環型社会　5, 6, 22, 123, 142
循環利用率　123
順応的モザイク　136, 137
少子化問題　21
少子高齢化　165
情報循環　47, 48, 50, 54, 61
情報循環の社会速度　61, 62
将来予測　79
食料　65
食料需要　142
食料生産　25, 65
所得格差　21
進化　47, 54, 61, 153
人工環境　39, 53
人口減少　124, 165
人口増加　160
人工知能分野　75
人工物　31, 38, 39, 51-54, 56
人工物観の先祖返り　51, 53
人口論　65
人材育成　110, 158, 167
森林　7, 70, 142
森林面積　7, 140, 141

スイス連邦工科大学（ETH）　14
水平的な関係　168
スタンフォード大学　101
ステークホルダー　88, 99, 109, 143, 148, 150
ステファン・スナイダー　101
ストックホルム大学　151
ストックホルム・レジリエンスセンター　10, 151
ストーリーライン　125, 134, 135
清華大学　154
政策パッケージ　137
政策優先シナリオ　135
政治的な意思決定　80
製造　53-55
生存性科学　37
生態系　5, 94, 122
生態系サービス　66, 136, 137, 143, 147
生態系の地域管理　137
生態系の復元力（レジリエンス）　10, 151, 156
生態系の保全　136
生態系の劣化　5
生態系評価シナリオ　134
成長の限界　120
制度　110, 111, 114
製品　54
生物多様性　5, 25, 70, 138
生物多様性条約（CBD）　155, 156
世界環境開発委員会　102
世界環境白書　120
世界協調　136
世界水フォーラム　120
世代間の公平性　147
セマンティックネットワーク　75, 76
ゼロエネルギー住宅　124
全米科学振興会（AAAS）　10, 151
専門化　69
ソウル大学校　154
ソフト・ロー　135
存在論　75

タ行

第一種基礎研究　55, 60

大気汚染　124
大気海洋循環モデル　142
第3次環境基本計画　123
第二種基礎研究　50, 55, 56, 60
太陽光発電　124, 128
太陽電池　85-87, 99, 111-113
太陽熱温水器　124
多極型の拠点形成　167
脱温暖化シナリオ　120
脱温暖化2050プロジェクト　126, 127
単位行動　87, 88
炭素隔離貯蔵（CCS）　128
炭素税　135
炭素税率　133
地域的多様性　28
地域の活性化　148
力による秩序　136, 137
地球温暖化対策推進法　143
地球温暖化問題　48, 58, 81
地球環境戦略研究機関（IGES）　25
地球サミット　49, 50
地球システム　21, 22, 26, 67, 92
地球持続性　6, 147, 150, 162, 167
地球持続戦略　20, 28
地球持続戦略研究イニシアティブ
　（TIGS）　18
地産地消　148
知識　36, 37, 40, 50, 74, 83, 84, 109, 111,
　114, 153
知識循環システム　99, 109, 115
知識循環プロセス　4, 104, 110, 111
知識生産のネットワーク化　97
知識のイノベーション　3, 4
知識のエコロジー　109
知識の構造化　3, 10-12, 65, 67, 73, 74, 77,
　81, 82, 92, 93, 166
知識ベースの経済　97
知識利用型研究　60
知的財産権　110
千葉大学　20
チャールズ・サンダース・パース　45
チャルマース工科大学　14, 15
中央環境審議会　122
中国　25-27, 94, 101, 106, 113, 114, 120,
　　165, 166
中長期温暖化対策シナリオ　127
中長期ロードマップづくり　133
超学的な取組　72
長期シナリオ　134, 143
長寿命オフィス　124
超長期ビジョン検討　123-125, 139
通信のエネルギー消費　59
定性的なシナリオ　125
低炭素社会　5, 22, 123, 126, 142
定量的なシナリオ　125
定量モデル　125
ティンドールセンター　10, 151
適応　31, 32
テクノガーデン　136
電子機器の廃棄物　161
天然資源　5, 25, 122
電力買い取り制度　112
ドイツ　111
東京大学　14, 17, 23, 152, 160
東京ハーフ・プロジェクト　11, 12
統合的アプローチ　153
東北大学　20
東洋大学　20
都市　160
都市コミュニティイニシアティブ　93
都市の衛生環境　161
都市のコンパクト化　165
土壌　70
土着的知識　40, 41
ドライビングフォース　121
トレードオフ　71, 99

ナ行

南北格差　22
南北問題　66
二酸化炭素回収・貯留（CCS）技術　26
二酸化炭素排出量　6, 7, 11, 127, 128, 141
日本　111, 120
人間行動の持続可能性　31
人間システム　21, 22, 26, 67, 92, 101
人間地球圏の存続を求める大学間国際学術
　協力（AGS）　10, 14
人間の福利　136

ネットワーク　89, 91, 99, 106
ネットワークオブネットワークス　88, 89, 149, 150
燃料電池　128
農業　70, 72
農村　160
ノード　76, 89
ノーネットロス　7, 139, 140, 142

ハ行

バイオ燃料　7, 25, 71
廃棄物　1, 5, 22, 138
排出量取引　131
ハイブリッド自動車　85, 128
バックキャスティング　6, 79, 82
バックキャスト　121
バックキャストモデル　127, 129
ハーバード大学　151
ハーマン・デイリー　66
非化石系エネルギーの2倍化　6
光スイッチ　58, 59
ビジョン　119, 121, 126
ビジョン2050　6, 24
ヒートアイランド　124
ヒートポンプ　85, 86
貧困　22, 160, 166
貧困撲滅　135, 158
フィード・イン・タリフ政策　112
フィードバック作用　104
フォアキャスト　121
複合人間・自然システム　101, 102
物質循環　47, 48, 61
物質循環システム　6
物質投入量　141
物理的適応　32
ブラジル　102
プラチナ構想ネットワーク　5, 93, 164
プラチナ社会　94
フラッグシッププロジェクト　16
プラットホーム　8, 11
フランス　113
ブルントラント委員会　9, 67, 102
分析　45
分野横断性　73

分野横断的な研究　92
分野横断的な取組　71, 73, 90, 91
閉回路型製造　54
北京大学　154
ベトナム国家大学ハノイ校　154
ベンチャー型のアクター　113
ポーター仮説　98
北海道大学　18
ポツダム気候影響研究所　10
本格研究　59, 60
本格研究ユニット　60

マ行

マイケル・ポーター　98
マサチューセッツ工科大学（MIT）　14, 100
まちづくり　163
マテリアル・フロー分析　108
水　111, 138
水資源　106, 111, 113, 114
水ビジネス　114
未知の公共知　76, 90
南アメリカ　102
ミレニアム開発目標　22, 166
ミレニアム生態系評価　136
メタネットワーク　152, 155, 157
メタネットワーク研究拠点　161
モデルシミュレーション　137
モデルによる分析　125

ヤ行

有害科学物質　138
有機農業　165
横浜国立大学　160
ヨハネスブルグサミット　67
予防的アプローチ　13

ラ行・ワ行

ライフサイクルアセスメント（LCA）　108
リサイクル　22, 161
リスク　123
立命館大学　20
リデュース　22

リユース　22
領域知識　39
緑地化　165
連携教育プロジェクト　23

ローカル　34, 40, 148, 156
ロードマップ　108
ローマ大学　151, 153
早稲田大学　20, 160

執筆者一覧（執筆順）

小宮山宏（こみやま・ひろし）	株式会社三菱総合研究所
武内和彦（たけうち・かずひこ）	東京大学大学院農学生命科学研究科
吉川弘之（よしかわ・ひろゆき）	科学技術振興機構開発戦略センター
梶川裕矢（かじかわ・ゆうや）	東京大学大学院工学系研究科
鎗目　雅（やりめ・まさし）	東京大学大学院新領域創成科学研究科
増井利彦（ますい・としひこ）	国立環境研究所社会環境システム研究領域
花木啓祐（はなき・けいすけ）	東京大学大学院工学系研究科

編者紹介

小宮山宏（こみやま・ひろし）＊
1944年　東京都に生まれる．
1972年　東京大学大学院工学系研究科博士課程修了．
現　在　株式会社三菱総合研究所理事長，一般社団法人サステイナビリティ・サイエンス・コンソーシアム理事長，東京大学総長顧問，工学博士．

武内和彦（たけうち・かずひこ）＊
1951年　和歌山県に生まれる．
1976年　東京大学大学院農学系研究科修士課程修了．
現　在　東京大学大学院農学生命科学研究科教授，東京大学サステイナビリティ学連携研究機構副機構長，国際連合大学副学長，農学博士．

住　明正（すみ・あきまさ）
1948年　岐阜県に生まれる．
1973年　東京大学大学院理学研究科博士課程修了．
現　在　東京大学サステイナビリティ学連携研究機構・地球持続戦略研究イニシアティブ統括ディレクター，理学博士．

花木啓祐（はなき・けいすけ）
1952年　兵庫県に生まれる．
1980年　東京大学大学院工学系研究科博士課程修了．
現　在　東京大学大学院工学系研究科教授，東京大学サステイナビリティ学連携研究機構兼任教授，工学博士．

三村信男（みむら・のぶお）
1949年　広島県に生まれる．
1979年　東京大学大学院工学系研究科博士課程修了．
現　在　茨城大学広域水圏環境科学教育研究センター教授，茨城大学地球変動適応科学研究機関長，工学博士．

＊は第1巻の主担当編者を示す．

サステイナビリティ学①
サステイナビリティ学の創生

2011年1月5日 初版

[検印廃止]

編　者　小宮山　宏・武内和彦・住　明正・
　　　　花木啓祐・三村信男

発行所　財団法人　東京大学出版会

代表者　長谷川寿一

〒113-8654 東京都文京区本郷 7-3-1 東大構内
電話 03-3811-8814・Fax 03-3812-6958
振替 00160-6-59964

印刷所　株式会社三秀舎
製本所　矢嶋製本株式会社

© 2011 Hiroshi Komiyama *et al.*
ISBN 978-4-13-065121-9 Printed in Japan

®〈日本複写権センター委託出版物〉
本書の全部または一部を無断で複写複製（コピー）することは，著作権法上での例外を除き，禁じられています．本書からの複写を希望される場合は，日本複写権センター(03-3401-2382)にご連絡ください．

〈知〉の統合による地球持続性への挑戦

小宮山宏・武内和彦・住 明正・
花木啓祐・三村信男［編］

サステイナビリティ学

[全5巻] ●体裁：A5判・横組・平均200ページ・ソフトカバー装
●定価：各巻2400円（本体価格）

① サステイナビリティ学の創生
② 気候変動と低炭素社会
③ 資源利用と循環型社会
④ 生態系と自然共生社会
⑤ 持続可能なアジアの展望